Dilek Nur Özen

Karlanma Şartları Altında Kanatlı Borulu Evaporatörlerin Performansı

Dilek Nur Özen

Karlanma Şartları Altında Kanatlı Borulu Evaporatörlerin Performansı

Türkiye Alim Kitapları

Impressum / Künye
Bibliografische Information der Deutschen Nationalbibliothek: Die Deutsche Nationalbibliothek verzeichnet diese Publikation in der Deutschen Nationalbibliografie; detaillierte bibliografische Daten sind im Internet über http://dnb.d-nb.de abrufbar.
Alle in diesem Buch genannten Marken und Produktnamen unterliegen warenzeichen-, marken- oder patentrechtlichem Schutz bzw. sind Warenzeichen oder eingetragene Warenzeichen der jeweiligen Inhaber. Die Wiedergabe von Marken, Produktnamen, Gebrauchsnamen, Handelsnamen, Warenbezeichnungen u.s.w. in diesem Werk berechtigt auch ohne besondere Kennzeichnung nicht zu der Annahme, dass solche Namen im Sinne der Warenzeichen- und Markenschutzgesetzgebung als frei zu betrachten wären und daher von jedermann benutzt werden dürften.

Deutsche Nationalbibliothek tarafından yayınlanan bibliyografik bilgiler: Deutsche Nationalbibliothek, bu yayını Deutsche Nationalbibliografie'de listeler; detaylı bibliyografik bilgi İnternet'te http://dnb.d-nb.de sitesinde mevcuttur.
Bu kitapta bahsedilen herhangi bir marka ve ürün adı, tescilli marka, marka veya patent korumasına tabidir ve ilgili sahiplerin ticari veya tescilli markalarıdır. Marka, ürün, ortak ve ticari adların, ürün açıklamalarının v.s. işbu eserde özel işaretleme olmadan bile kullanılması, bu çeşit adların, tescilli marka ve marka korunması kanunu açısından kısıtlanmamış ve böylece herkes tarafından kullanılabilir olarak hiç bir şekilde yorumlanamaz.

Coverbild / Kitap kapağı resmi: www.ingimage.com

Verlag / Yayıncı:
Türkiye Alim Kitapları
ist ein Imprint der / yayınevinin bir ticari markasıdır
OmniScriptum GmbH & Co. KG
Heinrich-Böcking-Str. 6-8, 66121 Saarbrücken, Deutschland / Almanya
Email / E-posta: info@turkiye-alim-kitaplary.com

Herstellung: siehe letzte Seite /
Basım yeri: son sayfaya bakın
ISBN: 978-3-639-67380-7

ÖZET

Soğutma sistemlerinin evaporatörlerinde kar oluşumu, kanatlar arasındaki hava geçiş alanını azaltır ve yüzey üzerindeki yalıtım etkisi nedeniyle, evaporatörün performansı düşer. Bu çalışmada bir kanatlı borulu evaporatörün geçici (transient) rejimdeki performansı deneysel ve sayısal olarak incelendi. Evaporatörün toplam ısıl geçirgenliği, deneysel veriler ve sayısal modelden elde edilen sonuçlarla karşılaştırıldığında; (%3,08-%7,24) mertebesinde uyumlu olduğu hesaplandı. Sayısal modelde hava giriş sıcaklığının, bağıl nemin ve hava hızlarının; evaporatörün toplam ısıl geçirgenliğine (UA), hava tarafı basınç düşümüne (ΔP_a) ve kar kalınlığına (δ_{fst}) etkisi incelendi.

Sayısal modelden elde edilen sonuçlardan, görüldüğü gibi, hava sıcaklığı ve bağıl nem arttıkça UA değeri azalmakta, ΔP_a ve δ_{fst} değerleri ise artmaktadır. Ayrıca bu çalışmanın literatürdeki çalışmalarla uyum içerisinde olduğu görüldü.

Anahtar Kelimeler: Evaporatör, ısı transferi, kanatlı boru, kar gelişimi, sayısal model.

ABSTRACT

Formation of frost in a heat exchanger reduces air passage area and lowers the performance of the heat exchanger due to the insulation effects. In this study, the performance of finned tube evaporator under transient regime condition was investigated both experimentally and numerically. When the experimental results are compared with those obtained from the numerical model, it is found that they both give almost the same overall conduvtivity (%3,08-%7,24) of the evaporator. On the numerical model, the effects of inlet air temperature, relative humidity and air velocity on evaporator's overall conductivity (UA), air side pressure loss (ΔP_a) and frost thickness (δ_{fst}), were respectively, examined.

The results obtained from the numerical model show that pressure losses (ΔP_a) and frost thickness (δ_{fst}) increase with increasing air temperature and relative humidity while decreasing UA values. The obtained results agree·with other similar studies in literature

Keywords: Evaporator, finned tube, frost growth, heat transfer, numerical model.

ÖNSÖZ

Bu çalışmada kanatlı borulu evaporatörün karlanma şartları altındaki performansı deneysel ve sayısal olarak incelendi. Deneysel çalışmadan elde edilen veriler sayısal modelden elde edilen sonuçlarla karşılaştırıldı ve sonuçların uyumlu olduğu görüldü. Bu çalışmada yeni bir karlanma modeli ortaya koyuldu.

Çalışmam boyunca bilgisinden, tecrübesinden ve desteğinden yararlandığım Danışmanım Sayın **Prof. Dr. Kemal ALTINIŞIK**'a, İkinci Danışmanım Sayın Yrd. Doç. Dr. Ali ATEŞ'e teşekkürü bir borç bilirim. Eskişehir Arçelik A.Ş.'de görev yapan Sayın Yüksel ATİLLA ve Sayın Özgür BİLGİÇ'e yaptıkları malzeme desteği ve yine Arçelik A.Ş.'de görev yapan Sayın Deniz ŞEKER'e yardımlarından ötürü teşekkür ederim. Ayrıca Bilimsel Araştırma Projeleri Koordinatörlüğüne (BAP) vermiş oldukları destek için teşekkürü bir borç bilirim.

Hayatımın her aşamasında benim yanımda olup, desteğini hissettiren **aileme** şükranlarımı sunarım.

Dilek Nur ÖZEN
KONYA-2011

İÇİNDEKİLER

SİMGELER

Simgeler

A : alan (m^2)
B_0 : kaynama sayısı
c_p : özgül ısı (J /kg K)
D : hava içindeki su buharının difüzyon katsayısı (m^2 /s)
D_h : hidrolik çap (m)
f_a : sürtünme faktörü
h : taşınım katsayısı (W/m^2K)
h_{sb} : buharlaşma entalpisi (J/ kg)
$h_{süb}$: süblimasyon entalpisi (J /kg)
h_L : sıvı fazı için sıvı-sıvı arasındaki konveksiyon ısı transfer katsayısı (W/m^2K)
h_{TP} : iki fazlı ısı iletim katsayısı (W/m^2K)
h_r : soğutucu tarafındaki taşınım katsayısı (W/m^2K)
k : ısı iletim katsayısı (W/mK)
L_{kanat} : kanat uzunluğu (m)
L : kanadın eşdeğer yüksekliği (m)
Le : Lewis sayısı
M_{hava} : birim mesafedeki havanın kütlesi (kg/m)
m : kütle (kg)
$\dot{m}$: kütlesel debi (kg /s)
m_w : boru kütlesi (kg)
m''_{δ} : kar kalınlığını arttıran su buharının kütle akısı (kg/ s m^2)
m''_{ρ} : kar yoğunluğunu arttıran su buharının kütle akısı (kg/ s m^2)
Nu : Nusselt sayısı
q : ısı transferi (W)
q'' : ısı akısı (W/ m^2)
P : basınç (N/ m^2)
Pr : Prandtl sayısı
r : yarıçap (m)
Re : Reynolds sayısı
w_{kanat} : kanat genişliği (m)
T : sıcaklık (°C)
U : toplam ısı transfer katsayısı (W/ m^2 K)
$U_{h,k}$: havadan kanat yüzeyine toplam ısı geçiş katsayısı (W/ m^2 K)
$U_{h,b}$: havadan boruya toplam ısı geçiş katsayısı (W/ m^2 K)
$U_{h,s}$: havadan soğutucuya toplam ısı geçiş katsayısı (W/ m^2 K)

U_m : kütle transfer katsayısı (kg/ s m^2)
UA : evaporatörün toplam ısıl geçirgenliği (W/K)
X : kuruluk derecesi (kg/kg)
x, y, z : koordina t (m)

Yunan harfleri

δ : kalınlık (m)
ε_{fst} : absorbsiyon katsayısı
η : verim
ρ : yoğunluk (kg/m)
Φ : bağıl nem (%)
ω : özgül nem (kg/kg)

Alt indisler

b: boru yüzeyi
db: doymuş buhar
h : hava
hg: hava girişi
hç: hava çıkışı
kan : kanat
i : iç
d: dış
sg: soğutucu girişi
sç: soğutucu çıkışı
soğ: soğutucu
T: toplam
sb: su buharı

1. GİRİŞ

Evsel soğutucular, gıdaların soğuk tutularak uzun zaman muhafaza edilmesini sağlayan soğutma makineleridir. Soğutmadaki amaç, ortam sıcaklığının altına inmek ve kapalı bir mahalde çevre sıcaklığının altında, düşük sıcaklığı sürekli muhafaza etmektir. Ancak ısı, sıcak ortamdan soğuk ortama kendiliğinden geçerken, tersine geçiş kendi kendine olmaz. İki sistem arasındaki dengeyi bozabilmek için sisteme dışarıdan enerji vermek gerekir. Günümüzde bu iş soğutucu makineler tarafından gerçekleştirilir. Soğutucu makineler çalışma prensiplerine ve çalıştıkları sıcaklık aralığına göre sınıflandırılırlar.

İlk evsel soğutucular, 1913 yılında Chicago'da yapıldı. Domelre marka bu soğutucular, elektrikle çalıştırıldı. Ahşap gövdesinin üzerinde kompresör tipi bir soğutucu vardı. Gövdesi ahşaptan yapılan bu buzdolabının soğutucu aygıtı, dolabın tavanına konmuştu ve oldukça büyüktü (Anonim, 2005).

1.1. Soğutucu Sistemlerin Tarihi ve Temel Soğutma İlkesi

Mekanik soğutucu sistemlerin geliştirilmesinden önce eski uygarlıklarda, örneğin eski Yunanlılar ve Romalılarda, besin maddeleri dağlardan taşınan buz ya da karla soğutuluyordu. Buz ve kar özel kilerlerde ya da yere açılmış ve odun veya samanlarla yalıtılmış çukurlarda uzun süre erimeden korunabiliyordu. Daha sonraları geliştirilen buz depoları 20. yüzyılın başlarına değin, temel soğutma ortamı olarak kullanıldı. Hindistan ve Mısır'da ise bazı akışkanların düşük sıcaklıklarda buharlaşma tekniğinden yararlanılarak soğutma işlemi gerçekleştirildi. Sıvılar hızla buharlaştırıldığında, buhar kısa sürede genleşir. Buhar fazında yükselen moleküllerin kinetik enerjisi de aniden artar. Bu ek enerjinin büyük bölümü, buharın yakın çevresindeki ortamdan soğurulur, bu da ortamın soğumasına yol açar. Örneğin bir tepsiye su konur ve tepsi serin bir tropik akşamda gece boyu açıkta bırakılırsa, suyun hızla buharlaşması sonucunda hava sıcaklığı donma noktasının altına düşmese bile tepside buz kristalleri oluşur. Buharlaşma koşulları denetlenerek, aynı yöntemle çok büyük buz blokları üretilebilir. Modern soğutucularda da gazların hızla genleştirilmesi ilkesinden yararlanılır. Buharlaştırarak soğutma yöntemi yüzyıllardan beri bilinmekle birlikte, mekanik soğutma yönteminin temel ilkeleri ancak 19. yüzyılın ortalarında ortaya konabildi. Bilinen ilk yapay soğutma sistemi 1748'de William Cullen tarafından Glaskov Üniversitesi'nde sergilendi. Cullen etil eterin kısmî vakumda kaynatılmasından yararlanmıştı, fakat bu yöntemi herhangi bir pratik amaca yönelik olarak kullanmadı. 1805'te ise ABD'li Oliver Evans, sıvı yerine buharla çalışan ilk soğutma makinesini tasarladı (Anonim, 2005).

Ticari amaçlı ilk soğutma işleminin, 1856'da buhar sıkıştırma makinesi yardımıyla ürettiği buzları satmaya başlayan ABD'li işadamı Alexander C. Twinning tarafından gerçekleştirildiği sanılmaktadır. Birkaç yıl sonra, Avustralyalı James Harrison ilk buhar sıkıştırmalı soğutma makinelerini yaptı. Fransız Ferdinand Carré 1959'da biraz daha karmaşık bir sistem geliştirdi. Carré aygıtında, buhar sıkıştırmalı makinelerde soğutucu gaz olarak kullanılan havanın yerine, hızla genleşen amonyak kullandı. Carré'nin soğutucuları kısa sürede tutuldu ve bu teknik ufak değişikliklerle günümüze kadar geldi. 1960'larda ise soğutucularda Peltier etkisinden yararlanılmaya başlandı (Anonim, 2005).

Günümüzde elektronik ev aletlerinin çoğu enerji verimliliği etiketi taşımaktadır. Bu etikette ürünün enerjiyi verimli kullanım oranı A,B,C,D,E,G harfleriyle sembolize edilmektedir. A sınıfı ürünler yüksek verimlilik oranına sahipken, G sınıfına doğru verim düşmektedir. Bu nedenle aynı iş, çok daha fazla enerjiyle yapılmaktadır.

Örneğin A sınıfı yerine C sınıfı bir buzdolabı kullandığımızda %45 daha fazla enerji tüketilmektedir (Acar, 2011).

Enerji fiyatlarının artışı ve doğal yaşama saygının toplumsal bir bilince dönüşmeye başlamasıyla artık üretilen elektrikli ürünlerin çoğu, A ve B sınıfı etiketlere sahipler. Bununla da yetinmeyen teknoloji üreticileri, A sınıfından da verimli olan ev aletleri üretmeyi başarmaktadırlar. A sınıfından daha tasarruflu olan bu yeni sınıflara A+ ve A++ (A plus plus) ismi verilmektedir. Verimlilik seviyesi A++ olan elektrikli ev aletleri son derece düşük enerji harcamaktadırlar (Acar, 2011).

Türkiye'de evsel soğutucular başlangıçta ithal ikamesi ile karşılanmakta idi. İlk evsel soğutucu üretimi 1913 yılında gerçekleştirildi. Bugün oldukça gelişen bu sektör Türkiye ihtiyaçlarına cevap verebildiği gibi yurtdışına da büyük çapta ihracat yapmaktadırlar. Uluslar arası seviyede üretim yapan birçok fabrika bulunmaktadır. Türkiye'de üretilen, yurtiçi ve yurtdışında satışa sunulan evsel soğutucuların çoğunun enerji verimlilikleri A sınıfı ve daha üstündedir. Şekil 1.1 Türkiye'de üretilen ve satılan buzdolaplarının enerji verimliliklerini göstermektedir.

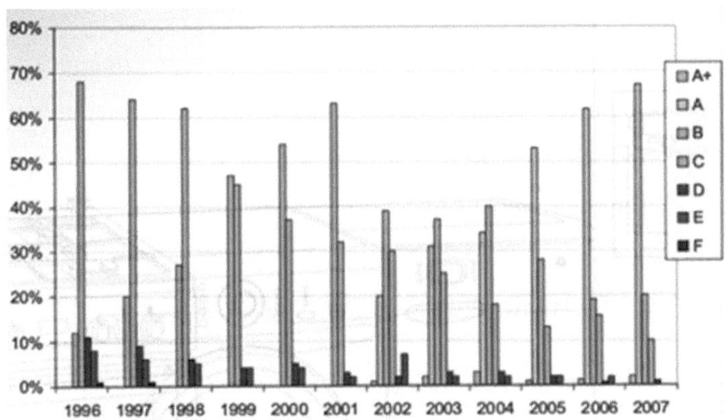

Şekil 1.1 Ülkemizde satılan buzdolaplarının enerji verimliliklerine göre oranı

Grafik incelendiğinde A+ sınıfı buzdolaplarının üretimi 2002 yılından itibaren başlamıştır. 2007 yılı itibarıyla en yaygın kullanılan enerji sınıfı A verimlilik seviyesindedir.

A, A+ ve A++ sınıfları arasındaki farklar, enerji tüketiminden kaynaklanmaktadır. Çizelge 1.1'de bu sınıfların enerji tüketimleri kıyaslanmıştır (Acar, 2011).

Çizelge 1.1. Enerji sınıfına göre günlük elektrik tüketimi

Enerji sınıfı	**Günlük elektrik tüketimi (kW/24 Saat)**
B	1.7
A	1.23
A+	1.07
A++	0.5

A++ enerji seviyesinde günde 0,5 kW değerinde bir enerji tüketilmektedir. 0,5 kW, 40 W değerinde bir lambanın 12 saat yanmasına eşdeğer bir tüketimdir (Acar, 2011).

Soğutucularda evaportörlerdeki karlanmayı önlemek en önemli sorunlardan biridir. Evaporatörlerin karlanması hem sistemin performansını düşürür hem de daha fazla enerji harcar. Bunu önlemek için soğutucularda no-frost sistemleri geliştirildi.

1.2. Evsel Soğutucular No-Frost Sistemi

Ev tipi soğutucularda, evaporatör yüzey sıcaklığı havanın içindeki su buharının donma sıcaklığının altında ise bu durumda evaporatör yüzeyinde başlangıçta film şeklinde karlanma meydana gelir. Kar yüzey sıcaklığı, donma sıcaklığının altında kalmaya devam eder ise bu durumda kar, yüzey üzerinde toplanmaya devam eder ve yalıtım görevi yapar. Bu durum ısıl direnci arttıracağından, soğutucu akışkanın absorbe edeceği ısı azalır ve kanatlar arası, karlanma nedeniyle daralacağı için, enerji sarfiyatı artar. Bu nedenle, özellikle No-Frost soğutucularda enerji sarfiyatı sistem performansının değerlendirilmesi hususunda, karlanma önemli olup, üretici firmalar açısından önem arz eder.

Hava dolaşımlı soğutma prensibi ile çalışan No-Frost buzdolaplarında, levha kanatlı borulu evaporatörler kullanılır. Bu tip evaporatörlerde hava tarafındaki ısı taşınım katsayısının düşük olması nedeniyle, levha şeklinde kanatlar eklenmiştir. Bu sayede toplam ısı geçişi artırılır ve evaporatörün performansı iyileştirilir. No frost buzdolaplarında gazlı, kompresörlü soğutma sistemi devre elemanlarının her biri mevcuttur tek farkı evaporatör yüzeyinde bulunan ısıtıcı rezistanslar ve bu rezistansları devreye alan ve çıkaran zaman rölesi bulunur. Bu şekilde gün içerisinde belli aralıklarla rezistanslar evaporatör üzerinde biriken karı eriterek hem buzdolabının daha verimli çalışmasını sağlar hem de hiçbir zaman kullanıcının buzları eritmesini ihtiyaç kalmaz. Kullanıcı bu işlemin farkına olmaz. Buzdolaplarında eriyen buzların suları genelde kompresör üzerindeki hazneye giderek kompresörün sıcaklığı ile buharlaşır veya dolabın altına kadar uzatılan kondenser borularının içinden geçtiği bir su toplama kabında kondenser borusunun sıcaklığı ile buharlaşır.

Tezin ikinci bölümünde verilen literatürde kar oluşumunu inceleyen çalışmalara yer verildi. Üçüncü bölümde hava tüneli, soğutma sistemi ve bir data loger veri toplama sisteminden oluşan deney düzeneği hakkında bilgi verildi ve geçici rejimde evaporatörün performans büyüklüklerini hesaplamak amacı ile oluşturulan sayısal model tanıtıldı. Dördüncü bölümde kar oluşumu prosesinin teorisi anlatıldı. Sayısal modelde kullanılan denklemler tanıtıldı. Beşinci bölümde deneysel çalışmanın teorisi anlatıldı.

Altıncı bölümde deneysel bulgular için belirsizlik analizi yapıldı ve UA değerinin belirsizlik değeri bulundu. Yedinci bölümde deneysel ve sayısal modelden elde edilen sonuçların karşılaştırılıp yorumlanması yapıldı. Bu bölümde deneysel verilerden ve teorik çalışmadan elde edilen grafikler verildi. Sekizinci bölümde çalışmanın sonucu ve öneriler verildi.

Bu çalışmada kanatlı borulu ısı değiştiricisinin performansı, deneysel ve sayısal olarak incelendi. No-Frost soğutuculardaki hava akışını simüle eden bir deney düzeneği kuruldu. Deneysel verilerden elde edilen toplam ısıl geçirgenlik (UA) değerleri ile sayısal modelden elde edilen sonuçlar karşılaştırıldığında ortalama %3,08-%7,24 arasında bir fark bulundu. Deneysel sonuçlarla sayısal modelden elde edilen sonuçların uyumlu olduğu görüldü. Deneysel çalışmada yapılmamış olan, farklı hava koşullarında UA, hava tarafındaki basınç farkı (ΔP_a) ve kar kalınlığı (δ_{fst}) sayısal olarak modellendi.

2. KAYNAK ARAŞTIRMASI

Literatürde evaporatörün karlanma şartlarında performansını inceleyen ve modelleyen çok sayıda çalışmaya rastlandı. Bu çalışmalarda oluşturulan matematik modelin deneysel sonuçlarla da uyum sağladığı gözlendi. Fakat çalışmaların hepsinde genel bir karlanma. modeli yerine, her çalışmaya özgü karlanma modeli yer almaktadır. Bunun nedeni, çalışma şartlarında öngörülen kabuller ve karın kompleks yapısıdır. Bu çalışmada, literatürde olmayan bir yaklaşımla kar modeli oluşturuldu.

Kondepudi ve O'Neal (1989), panjurlu tip kanatlı borulu ısı değiştiricisinin performansını incelediler. Panjurlu kanat formunun ısıl performansının düz ve dalgalı kanat formuna göre daha yüksek olduğunu buldular.

Toplam ısı transfer katsayısı ve hava tarafındaki basınç düşümü evaporatörün performansını değerlendirmek için önemli faktörlerdir. Kondepudi ve O'Neal (1993), kanatlı borulu ısı değiştiricisinin karlanma şartları altında performansını incelemek için bir sayısal model geliştirdiler. Kar oluşumunun ısı değiştiricisinin toplam ısı transfer katsayısı ve hava tarafındaki basınç düşümü üzerine etkilerini incelediler. Havadaki bağıl nem arttıkça kar kalınlığının ve basınç düşümünün arttığını ve karın izolasyon etkisiyle toplam ısı transfer katsayısını zamanla düşürdüğünü gözlemlediler.

Kondepudi ve O'Neal (1993), kar oluşumunun kanatlı borulu ısı değiştiricisinin performansına etkilerini gözlemlemek için yapmış oldukları deneysel çalışmanın sonuçlarını sayısal modelden elde edilen sonuçlarla karşılaştırdılar. Hava sıcaklığı ve hava nemi arttıkça kar kalınlığının arttığını ve sayısal model ile deneysel çalışmalarının sonuçlarının uyumlu olduğunu gözlemlediler.

Kar ve ark. (1997), nemli hava içindeki bir silindirin etrafında karlanma gelişimini incelediler. Karlanma oluşumu boyunca bölgesel özellikleri belirlemek için iki boyutlu bir matematiksel model geliştirdiler. Çalışmalarıyla literatürdeki deneysel ve teorik çalışmalara uyumlu bir model ortaya koydular.

Lee ve ark. (1997), soğuk düzlemsel bir yüzeyde karlanma tabakasının formülasyonu için bir matematik model geliştirdiler. Ayrıca oluşturdukları matematik modele geçerlilik kazandırmak için deneysel çalışma yaptılar. Matematik modelde, suyun moleküler difüzyonunu ve karlanma tabakası içinde su buharı süblimasyonu nedeniyle açığa çıkan gizli ısıyı esas aldılar. Donma kalınlığı üzerindeki teorik sonuçlarla deneysel sonuçların arasında ortalama %10 hata olduğunu tespit ettiler ve düşük hızlarda bu hatanın %19 'a ulaştığını gözlemlediler. Lewis sayısını giriş havasının bir fonksiyonu olarak ifade ettiler. Kar kalınlığının ve karın yüzey sıcaklığının artan hava hızı ve bağıl nem ile yükseldiğini gözlemlediler.

Lüer ve Beer (2000), soğuk bir yüzey üzerinde laminer zorlanmış taşınımda kar oluşumunun etkilerini deneysel ve teorik olarak incelediler. Havadaki nem miktarıyla kar kalınlığının arttığını deneysel olarak gösterdiler.

Cheng ve Cheng (2001), soğuk bir yüzey üzerinde kar oluşumunun etkilerini gözlemleyebilmek için teorik bir model geliştirdiler. Bu modelde yüzey sıcaklığının ve hava koşullarının kar gelişimine etkilerini incelediler ve modelin literatürdeki mevcut deneysel çalışmalarla uyum sağladığını ortaya koydular.

Fossa ve Tanda (2002), soğuk bir yüzey üzerinde kar oluşumu boyunca ısı ve kütle transferini deneysel olarak araştırdılar. Yüzey ve hava arasındaki sıcaklık farkı ve havadaki nem miktarı arttıkça kar kalınlığının arttığını ortaya koydular.

Lee ve Ro (2002), düşey plakalarda hava sıcaklığının, hızının neminin ve soğuk yüzey sıcaklığının kar tabakasının gelişimine etkilerini deneysel olarak incelediler. Kar oluşumunda hava neminin ve soğuk yüzey sıcaklığının daha etkin olduğunu buldular.

Yun ve ark. (2002), düz bir plaka üzerinde kar oluşumu üzerinde çalıştılar. Belirli bir yüzey sıcaklığında kar kalınlığının zamanla arttığını ve yüzey sıcaklığı arttıkça kar kalınlığının azaldığını gördüler.

Lee ve ark. (2003), düzlemsel soğuk bir yüzeyde karlanma oluşumunu araştırdılar. Matematiksel modelden elde ettikleri sonuçları deneysel sonuçlarla karşılaştırdılar ve %10'luk bir hata tespit ettiler. Isı transferi şiddetinin, karlanmanın ilk safhasında hızlı bir şekilde azaldığını fakat azalmanın hızının zamanla yavaşladığını gözlemlediler. Diğer taraftan gizli ısı transfer değerinin, duyulur ısı transfer değerine karşın hemen hemen değerini koruduğunu gözlemlediler.

Yan ve ark. (2003), karlanma koşulları altında kanatlı borulu ısı değiştiricilerinin çalışma performansını deneysel olarak incelediler. Tek ve çok sıralı ısı değiştiricilerinin üzerinde çeşitli parametrelerin ısı transferine etkisini görmek için test yaptılar. Havanın sıcaklığı, debisi ve bağıl nemi, soğutucu sıcaklığı, kanat aralığı ve sıra sayısı gibi parametreleri incelediler. Yapmış oldukları çalışmanın sonunda düşük hava debisinin karlanma gelişimini arttırdığını ve karlanma nedeniyle daralan kanat aralıklarının etkisiyle basınç düşüşünün arttığını gözlemlediler. Bağıl nemin artmasıyla basınç düşüşünün arttığını ve geniş kanat aralığı sağlayan kanat eğiminin ısı değiştiricisinin performansını önemli bir derecede etkilemediğini gözlemlediler.

Şeker ve ark. (2004), yapmış oldukları ilk çalışmada karlanma oluşumu boyunca kanatlı borulu ısı değiştiricisi üzerinde ısı ve kütle transferini araştırdılar. Hava tarafındaki ısı ve kütle transfer katsayısını, soğutucu tarafındaki ısı transfer katsayısını, hava- kar ara yüzeyindeki sıcaklığı ve ısı değiştiricisinin yüzey verimini hesapladılar. Isı değiştiricisindeki toplam geçirgenliği (UA) ve basınç düşümü, farklı hava giriş sıcaklığı, bağıl nem, hava kütle akışı ve soğutucu sıcaklığına göre değerlendirdiler. Yapmış oldukları çalışmanın sonucunda hava giriş sıcaklığı ve debisi arttıkça; toplam ısı transfer katsayısının, hava tarafındaki basınç düşüşünün ve kar kalınlığının artığını gözlemlediler. Bağıl nemdeki artışın toplam ısı transfer katsayısını arttırdığını fakat zamanla bu artış hızının azaldığını gördüler. Ayrıca, bağıl nemdeki artışın basınç düşüşünü ve kar kalınlığını arttırdığını gözlemlediler.

Şeker ve ark. (2004), ikinci çalışmalarında kanatlı borulu ısı değiştiricisindeki kar oluşumunu deneysel olarak incelediler. Daha önce oluşturdukları matematik modelden elde ettikleri sonuçları deneysel sonuçlarla karşılaştırdılar ve uyum içinde olduklarını gördüler.

Yao ve ark. (2004), hava kaynaklı ısı pompasındaki hava tarafı ısı değiştiricisinin, karlanma koşullarındaki performansı üzerinde çalıştılar. Hava tarafındaki ısı değiştiricisinin karlanma şartları altındaki çalışma özelliklerini ve bu özelliklerin performansa olan etkilerini incelemek için bir matematik model geliştirdiler. Matematik modelin çözümü için değişik formlardaki ısı değiştiricileri için de kullanılabilecek kütle, enerji ve momentum korunum denklemleri türettiler. Sabit hava sıcaklığında yüksek bağıl nemin daha ciddi karlanma gelişimine sahip olduğunu gördüler. Sabit bağıl nemde karlanma oluşumunun düşük sıcaklıklara nazaran yüksek sıcaklıklarda daha ciddi bir boyutta olduğunu gözlemlediler.Karlanma tabakasının artmasıyla hava tarafındaki toplam ısı transfer katsayısının azaldığını ve hava tarafındaki basınç düşümünün arttığını tespit ettiler.

Tso ve ark. (2006), kanatlı borulu bir ısı değiştiricisinde, kanat boyunca değişen kar kalınlığını esas alan bir model geliştirdiler. Gerçekçi bir model oluşturmak amacıyla düzensiz sıcaklık dağılımı nedeniyle kanat boyunca değişen kar kalınlığı ile karlanma ve karlanma olmaksızın hava soğutucusunun dinamik davranışını incelediler. Çalışmalarının sonucunda; ısı değiştiricisinin performansının karlanma oluşumu nedeniyle azaldığını, kanat boyunca sıcaklık değişiminin düzensiz bir karlanma gelişimine neden olduğunu, kar yüksekliğinin kanat dibinde kanat ucuna göre daha yüksek olduğunu ve soğutucu girişinde yer alan boru sırasının daha düşük yüzey sıcaklığı ile daha fazla karlanma gelişimine sahip olduğunu gözlemlediler.

Aljuwayhel ve ark. (2008), endüstriyel sistemlerde kullanılan evaporatörlerde kar oluşumunun etkisini deneysel olarak araştırdılar. Evaporatör yüzeyindeki kar oluşumunun hava geçiş direncini arttırdığını ve hava geçiş hızını azalttığını gözlemlediler. Ayrıca artan kar kalınlığı ile soğutma kapasitesinin zamanla düştüğünü ortaya koydular.

Huang ve ark. (2008), kanatlı borulu ısı değiştiricisinde kar kalınlığının ısıl performansa etkisi üzerinde çalıştılar. Kar kalınlığı arttıkça ısı transfer oranının zamanla düştüğünü ortaya koydular.

Hermes ve ark. (2009), düz bir yüzey üzerindeki kar oluşumunu deneysel ve teorik olarak incelediler. Hava ve yüzey sıcaklığı arasındaki fark arttıkça kar kalınlığının arttığını ve hava hızının kar kalınlığını etkilemediğini ortaya koydular.

Kim ve ark. (2009), bir ısı değiştiricisi üzerinde kanattaki ısı iletimini dikkate alarak kar oluşumunu incelemek için bir sayısal model geliştirdiler. Kar kalınlığının kanat kökünde en fazla ve kanat ucuna doğru ise giderek azaldığını gözlemlediler.

Lenic ve ark. (2009), kanatlı borulu ısı değiştiricisi üzerinde karlanma oluşumunu incelemek için iki boyutlu bir model geliştirdiler. Karlanma oluşumunun hava ve kanatlar arasındaki ısı transferini önemli derecede etkilediğini tespit ettiler. Giriş hava nemi ve sıcaklığı arttıkça karlanma gelişiminin daha hızlı arttığını gözlemlediler. Oluşturdukları matematik modelde karlanma tabakasının gözenekli yapısını dikkate aldılar ve karlanma oluşumu boyunca kar yoğunluğunun arttığını gördüler.

Kim ve ark. (2010), kanatlı borulu ısı değiştiricisinde, ısı transferi ve basınç düşümüne karın etkisini incelediler. Hava giriş sıcaklığının, hava giriş hızının, kar tabakası ve kanat kalınlığının ısı değiştiricisinin ısıl performansına etkisini araştırmak için bir sayısal model geliştirdiler. Artan hava hızı ve hava sıcaklığı ile ısı transferinin arttığını, buna karşılık artan kar kalınlığı ile ısı transferinin azaldığını gözlemlediler. Hava giriş hızının ve kar tabakası kalınlığının artması ile hava tarafındaki basınç düşümünün arttığını ve kanat kalınlığının, ısıl performans ve basınç düşümüne etkisinin ihmal edilebileceğini ortaya koydular.

Kim ve ark. (2010), bir kanat üzerinde hava akışının ısı ve kütle transfer özelliklerini, karlanma şartları altında incelediler. Hava hızının ve neminin, kar oluşumuna etkisini deneysel olarak araştırdılar ve havadaki nem miktarının kar oluşumunu önemli ölçüde etkilediğini buna karşılık hava hızının kar oluşumuna önemli bir etkisinin olmadığını gözlemlediler.

Lee ve ark. (2010), karlanma şartları altında, kanatlı borulu ısı değiştiricisinin kanat eğiminin, boru sıra sayısının ve boru sırasının, ısı transfer özellikleri üzerine etkisini deneysel olarak incelediler. Kar kalınlığının artması ile hava akış oranının azaldığını bununla beraber bu azalmada boru sıra sayısının etkisinin kanat eğimine göre daha az olduğunu ortaya koydular. Dereceli boru sırasında hava akışı daha fazla kısıtlandığı için hava akış oranının düz boru sırasına göre daha fazla azaldığını ve kanat eğiminin azalması ve boru sıra sayısının artması ile ısı transfer oranının arttığını gözlemlediler.

Xia ve Jacobi (2010), panjurlu kanatlı düz boru ısı değiştiricilerin karlanma şartları altında ısıl performansını araştırdılar. Yapmış oldukları deneysel çalışmadan elde ettikleri bağıntıları sayısal bir model geliştirmek için kullandılar. Geliştirmiş oldukları modelin karlanma şartları altında ısı değiştiricisinin performansını başarılı bir şekilde belirlerken hava tarafındaki basınç düşümü için daha çok bilgiye ihtiyaç duyduklarını gözlemlediler.

Cui ve ark. (2011), karlanma şartları altında kanatlı borulu evaporatörün performansını incelemek için yeni bir kar modeli geliştirdiler.

Küçük kanat aralıklarında, yüksek bağıl nemlerde, düşük hava hızlarında ve soğutucu sıcaklıklarında; kar kalınlığının artmasının hava tarafındaki basınç farkını arttırdığını ortaya koymuşlardır.

Silva ve ark. (2011), kanatlı borulu evaporatörde kar oluşumunu incelediler. Kar oluşumunun hava akış hızıyla, aşırı soğutma ve kanat yoğunluğuyla arttığını ortaya koydular.

3. MATERYAL VE METOT

3.1. Materyal

Karlanma şartları altında çalışan No-Frost buzdolabı evaporatörlerinin toplam ısıl geçirgenliğini hesaplamak için, teorik ve deneysel çalışma gerçekleştirilmiştir. Şekil 3.1'de görüldüğü gibi deney düzeneği menfez, fan, nem alıcı, evaporatör, kompresör, kondenser, gaz deposu, kurutucu, genleşme valfi, ısıtıcı, nemlendirici, damper, akış doğrultucu, sıcaklık ve nem ölçer, basınç farkı ölçer, termoeleman, selenoid vana, gaz deposu ve debi metreden oluşmaktadır.

3.1.1. Deney düzeneği

Hava tüneli, soğutma sistemi ve bir data loger veri toplama sisteminden oluşan deney düzeneği Şekil 3.1'de; şematik görünümü ise Şekil 3.2'de gösterildi. Şekil 3.2'de menfezden (1) , ortam havası fan (2) sayesinde çekildi ve kanal içinde dolaştırıldı. Havayı test evaporatörüne (19) istenilen koşullarda göndermek için bir nem alıcı (3), soğutucu (4), ısıtıcı (11) ve nemlendirici (12) kullanıldı. Damper (15) sayesinde evaporatöre gönderilecek hava miktarı ayarlandı. Havanın evaporatöre homojen dağılımı için bir akış doğrultucu (16) kullanıldı. Havanın evaporatöre giriş ve çıkış noktalarında sıcaklığı ve bağıl nemi (17) ölçüldü. Havanın hızı Şekil 3.2'de gösterilen dört kırımızı noktadan bir anemometre (31) ile ölçüldü. Sistem rejime geçinceye kadar test evaporatörüne soğutucu gaz gönderilmedi ve geçici evaporatör (23) ile soğutma sistemi çalıştırıldı. Sistem rejime geçince bir selenoid vana (22) yardımıyla soğucu gaz test evaporatörüne gönderildi.

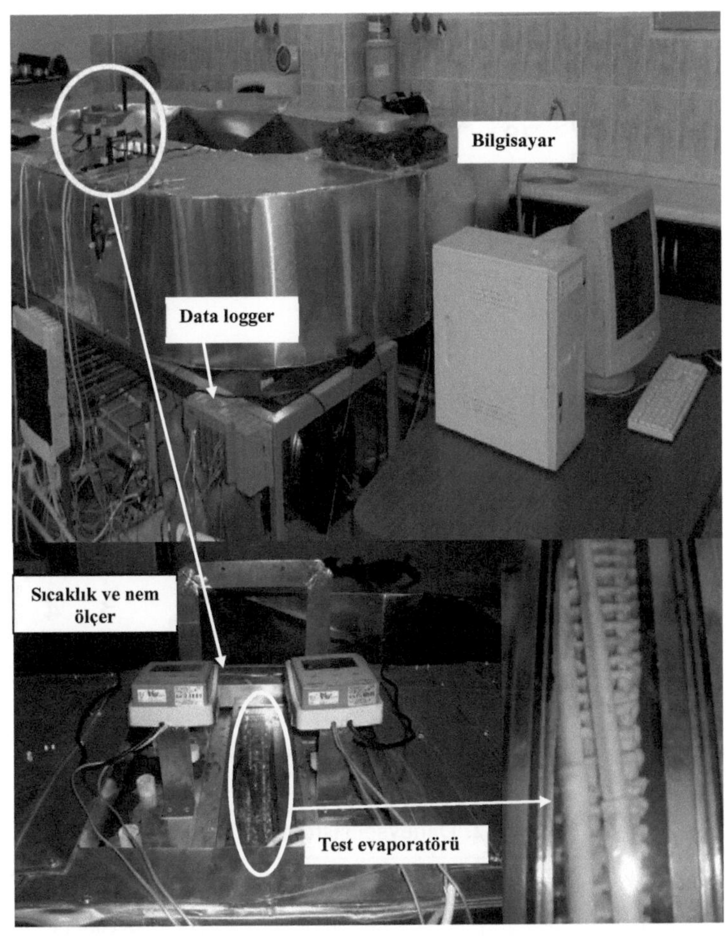

Şekil 3.1. Deneysel sistemin resmi

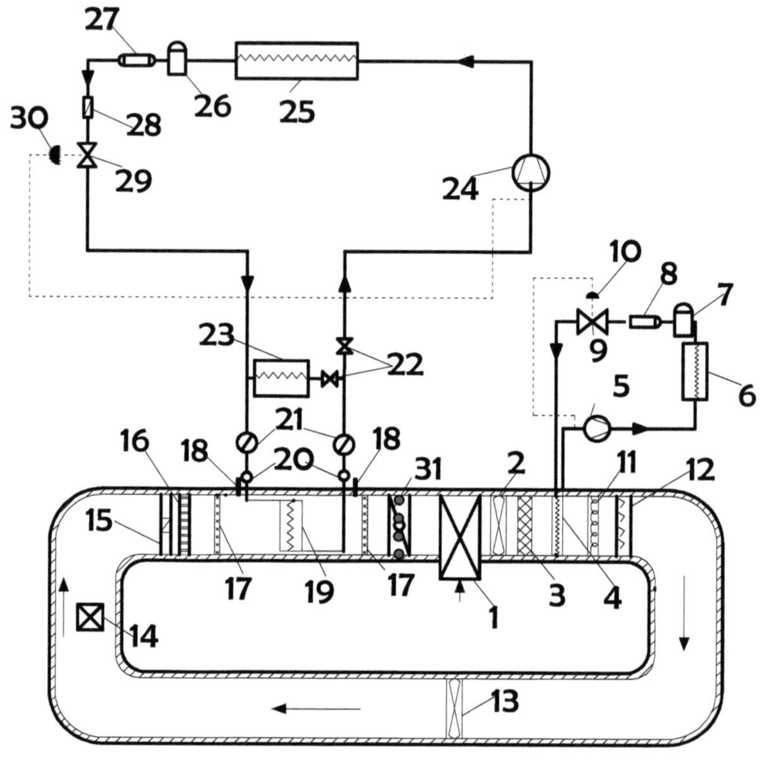

Şekil 3.2. Deneysel sisteminin şematik gösterimi

Sıra no	Cihaz ismi	Sıra no	Cihaz ismi	Sıra no	Cihaz ismi
1	Menfez	12	Nemlendirici	22	Selenoid vana
2	Fan	13	Fan	23	Geçici evaporatör
3	Nem alıcı	14	Menfez	24	Kompresör
4	Evaporatör	15	Damper	25	Kondenser
5	Kompresör	16	Akış doğrultucu	26	Gaz deposu
6	Kondenser	17	Sıcaklık ve nem ölçer	27	Kurutucu
7	Gaz deposu	18	Basınç farkı ölçer	28	Debimetre
8	Kurutucu	19	Test evaporatörü	29	Genleşme valfi
9	Genleşme valfi	20	Termoeleman	30	Valf ayarı
10	Valf ayarı	21	Basınç ölçer	31	Debi ölçer
11	Isıtıcı				

3.1.1.1. Hava tüneli

Bu çalışmada, No- frost soğutuculardaki hava koşullarını sağlamak amacıyla bir hava tüneli tasarlandı ve deney düzeneği oluşturuldu. Ortamdan alınan hava, dönüş havasıyla bir karışım odasında karıştırıldı ve karıştırılan hava, sirkülasyon fanı yardımıyla hava tünelindeki evaporatör üzerinden geçirilerek soğutuldu. Evaporatör yüzey sıcaklığının düşük olması nedeniyle, evaporatör üzerinden geçen havadaki nem, yüzey tarafından tutulmaktadır. Bu nedenle dönüş havası test evaporatöründen geçerken nem miktarı azalır ve ortam havası ile karışması sonucu nem miktarında artış olur. Test evaporatöründeki giriş havasının nem miktarını, belirli seviyede tutmak için, bir nem alıcı ve nemlendirici kullanıldı. Bir akış doğrultucu yardımıyla nemlendiriciden çıkan hava, evaporatör üzerine gönderildi. Ayrıca, test evaporatörüne girişte istenilen sıcaklığı elde etmek için 1694 W gücünde bir soğutucu ve 2000 W gücünde ısıtıcı kullanıldı.

3.1.1.2. Soğutma sistemi

Soğutma sisteminde 1,5 HP gücünde kompresör ve 12 m^2 alanında kondenser kullanıldı. Soğutma sisteminin çalışma aralığı +15 ile -45°C arasındadır. Sistem sürekli rejime gelinceye kadar geçici evaporatör sistemde kullanıldı. Sürekli rejime geçindiğinde, bir selenoid vana yardımıyla akışkan yönü değiştirilerek sistem devreye sokuldu. Bu çalışmada, soğutucu akışkan olarak R22 (chlorodifluoromethane) kullanıldı.

3.1.1.3. Test evaporatörü

Hava tüneline yerleştirilen test evaporatörünün boru dış çapı 8 mm, et kalınlığı 0,8 mm ve kanat kalınlığı 120 mikrondur. Hava akışına dik boru sayısı on üç, hava akışına paralel boru sayısı 2'dir. Şekil 3.3'de gösterilen test evaporatöründe 35 adet sıkı geçme orta kanat ve 36 adet sıkı geçme uzun kanat mevcuttur.

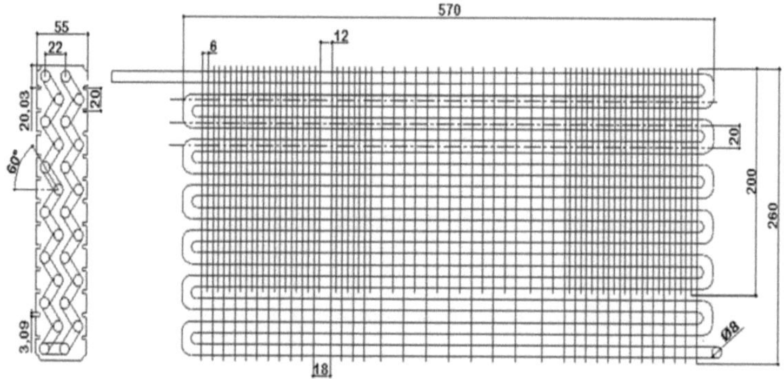

Şekil 3.3. Test evaporatörü

3.1.2 Ölçüm Sistemi

Ölçüm sistemi; bir sıcaklık ve nemölçer, anemometre, K tipi Nikel Krom-Nikel termo elemanlar ve ölçülen değerleri kaydeden bir veri toplama sisteminden oluşmaktadır. Şekil 3.2'de verilen deney düzeneğinde ölçüm cihazlarının yerleri gösterildi ve anemometre ile hava hızının ölçüldüğü dört nokta şekil üzerinde kırmızı daireler ile belirtildi.

3.1.2.1. Sıcaklık ve nem ölçer

Test evaporatörüne giriş ve çıkışlardaki havanın sıcaklığı, nemi ve hızı ölçüldü. Evaporatöre giriş ve çıkışta havanın sıcaklığını ve nemini ölçmek için %0-%100 bağıl nem (relative humidity) ve -20°C,+80°C sıcaklık aralığında, nem için ± %3 ve sıcaklık için ± %0,9 doğrulukta ölçüm yapabilen bir sıcaklık ve nemölçer kullanıldı. Şekil 3.4'de verilen sıcaklık ve nem ölçerin prob ucu, toza karşı filtre korumalı, prob boyu 250 mm ve çapı ise 12 mm değerindedir.

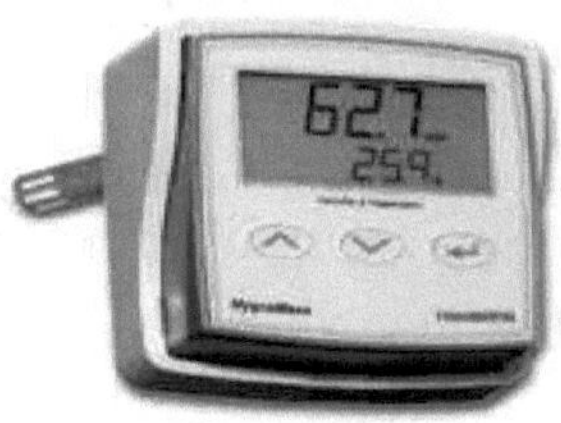

Şekil 3.4. Sıcaklık ve nem ölçer

3.1.2.2. Isıl anemometre

Havanın hızı 0-15 m/s aralığında ve ± %2 doğrulukta ölçüm yapan bir anemometre ile ölçüldü. Aynı zamanda Şekil 3.5'de görülen bu cihaz ile havanın sıcaklığı 0°C,80°C sıcaklık aralığında ve ± %3 doğrulukta ölçülebilmektedir.

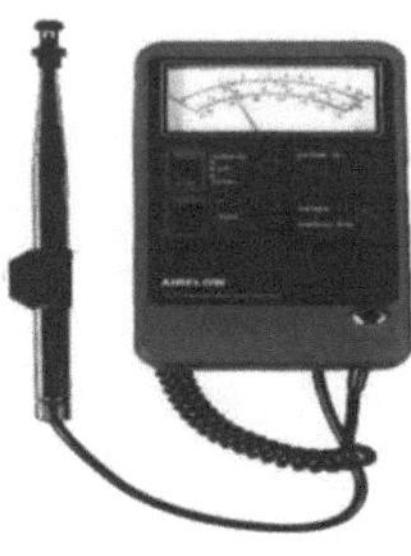

Şekil 3.5. Sıcaklık ve nem ölçer

3.1.2.3. K tipi termoeleman

Soğutucu akışkanın evaporatöre giriş ve çıkış sıcaklığını ölçmek için Şekil 3.6'da verilen, -200,+1200 °C aralığında ve %2 °C doğrulukta ölçüm yapabilen K tipi Nikel Krom-Nikel termo elemanlar kullanıldı. Ni-Cr (+) ucu yeşil ve Ni (-) ucu beyaz renklidir. Çelik ve cam elyaf örgülerde yeşil bant şeklindedir.

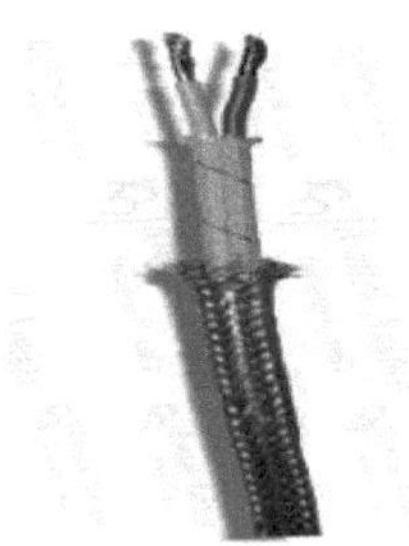

Şekil 3.6. K tipi termoeleman

3.1.2.4. Data Loger

Şekil.3.7'de verilen veri toplama sistemi modülerdir ve 56 kanal sayısına sahiptir. Değişik özelliklerde giriş çıkış modülleri takılabilmektedir. Analog ve sıcaklık sensör giriş modüllerinin çözünürlüğü en 16 bit değerindedir. Giriş tipleri en az beş çeşit termoeleman tipi destekler niteliktedir.

Şekil 3.7. K tipi termoeleman

3.2. Metot

Geçici rejimde evaporatörün performans büyüklüklerini hesaplamak amacı ile bir matematik model oluşturuldu. Matematik modelin oluşturulmasında termodinamiğin birinci yasası, enerji balans denklemleri, Fourier ısı iletimi, Newton'un soğuma yasası ve bazı ampirik bağıntılardan yararlanıldı. Oluşturulan matematik modelde, kar oluşumu halinde ısı transferi yüzeylerinde meydana gelen değişimler formüle edilerek, karlanma halinde evaporatörün toplam ısıl geçirgenliği (UA), kar kalınlığı (δ_{fst}) ve hava tarafı basınç düşümü (ΔP) hesaplandı. Modelde, kısmi diferansiyel denklemler sonlu farklar yöntemine göre çözüldü. Akış alanı Şekil 3.8'de gösterildiği gibi birbirine eşit aralıklarla yerleştirilen düğüm noktalarına bölündü. Bu düğüm noktaları kontrol hacimlerinin merkezini oluşturdu ve sonlu farklar uygulanarak çözüm yapıldı.

Kanatlı borulu ısı değiştiricisinin karlanma şartları altında performansını kanat boyunca incelemek amacıyla oluşturulan sayısal model, MATLAB R2010b programı yardımı ile Şekil 3.4'de verilen sayısal algoritmaya göre çözüldü. Sayısal model EK-1'de verildi.

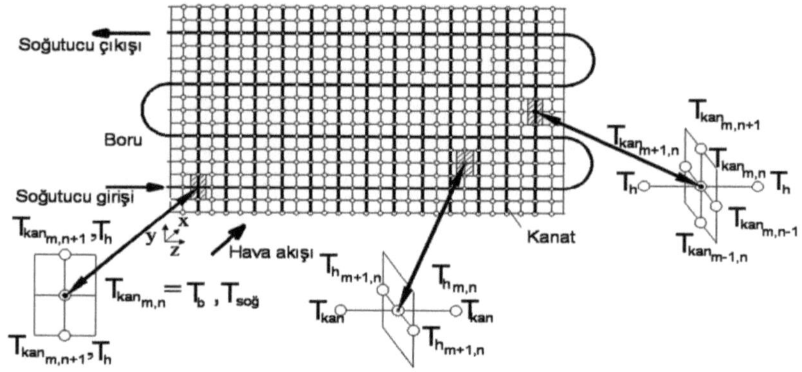

Şekil 3.8. Sayısal çözüm için akış alanının hücrelere bölünmesi

Şekil 3.9'da gösterilen sayısal algoritmanın çözümü için, Gauss-Seidel iterasyon yöntemi kullanıldı ve her bir hücre üzerindeki hava koşulları ve kuruluk dereceleri tahmin edilerek hesaplama başlatıldı.

Önce soğutucu tarafındaki sıcaklıklar hesaplandı. Daha sonraki adımda kanat yüzey sıcaklıkları ve sınır koşullarının yardımıyla boru yüzey sıcaklıkları hesaplandı.

Bulunan kanat ve boru yüzey sıcaklıklarına göre gerçek hava sıcaklıkları kullanıldı ve bu değerlerin önceki değerlerle uyumuna bakıldı. Eğer değerler birbiri ile örtüşmez ise gerçek hava sıcaklık değerleriyle soğutucu ve yüzey sıcaklıkları tekrar hesaplandı. Bir dakika zaman aralığı için döngü devam ettirildi.

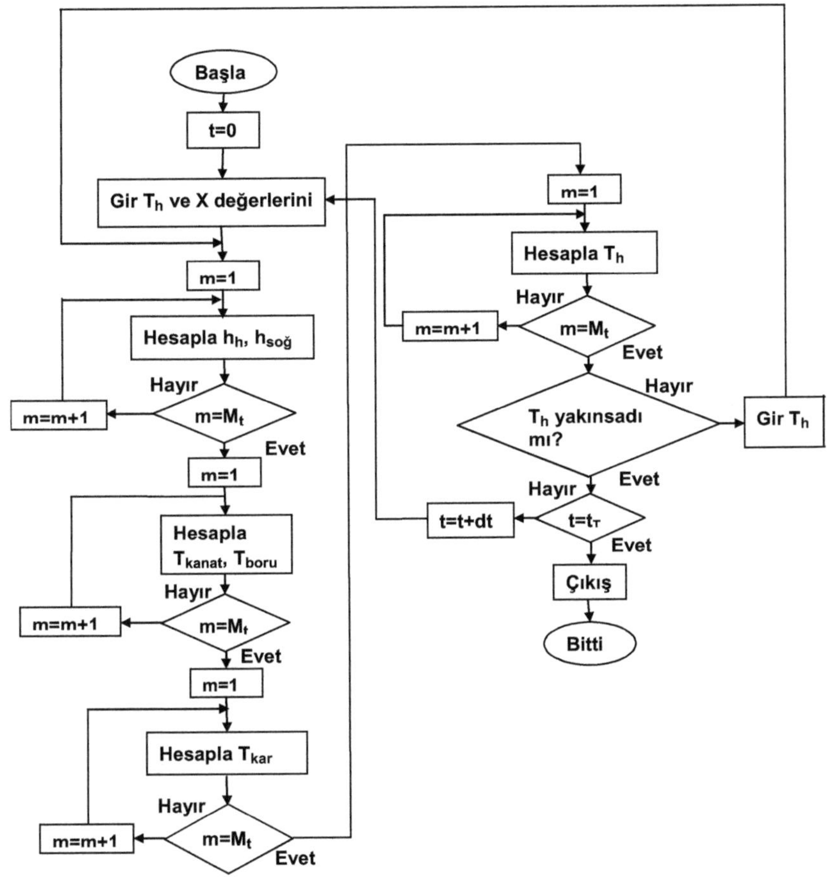

Şekil 3.9. Sayısal algoritmanın akış diyagramı

4. TEORİ

Evsel soğutucuların evaporatörlerinde hava içinde bulunan nem nedeniyle, evaportörler yüzeyinde karlanma meydana gelir. Yüzeyde oluşan karlanma olayını incelemek, gerçek bir kompleks problemin çözümünü gerektirir. Bu denli kompleks problemin çözümünü kolaylaştırmak için bazı kabuller yapmak gerekir. Bu kabuller ışığında problemin formüle etmek daha kolaydır. Yapılan kabuller aşağıda verildi. Buna göre;

a. Model, sanki-değişmez (Quasi-Steady) olarak kabul edildi ve matematiksel model küçük zaman dilimlerinde incelendi. Bu durum, gerçekte zamanla değişen bir model söz konusuyken sürekli sistem kabulüne imkân vermektedir. Bu nedenle sürekli hal kabulü ile modelin çözümü için kullanılan denklemlerin sol tarafındaki ilk ifadeler dikkate alınmadı.

b. Kanat boyunca ısı iletimi baskın olduğu için boru yüzeyindeki eksenel ısı iletimi ihmal edildi.

c. Her bir boru sırasında yüzey sıcaklığının değiştiği kabul edildi.

d. Karın ısı iletim katsayısı, sadece yoğunluk ile değiştiği öngörüldü.

4.1. Hava Tarafındaki Taşınım Katsayısı

Yang, Lee ve Song kanatlı borulu evaporatörler üzerinde yaptıkları deneysel çalışmalarda aşağıdaki amprik bağıntıları elde ettiler. Bu çalışmada, hava tarafındaki taşınım katsayıları için, boru ve kanat geometrileri göz önüne alınarak (4.1) ve (4.2) bağıntıları kullanıldı (Yan ve ark., 2003).

$$Nu_{kanat} = \frac{h_{kanat} L}{k_{hava}} = 0.204 Re_L^{0.657} Pr^{1.334} \tag{4.1}$$

Burada, h_{fin} ve k_a sırasıyla kanat tarafındaki taşınım ve hava tarafındaki ısı iletim katsayılarını; (4.2) bağıntısında ise h_{boru} ve D_h sırasıyla boru tarafındaki taşınım katsayısını ve hidrolik çapı göstermektedir.

$$Nu_{boru} = \frac{h_{boru} D_h}{k_{hava}} = 0.146 Re_L^{0.917} Pr^{2.844} \tag{4.2}$$

4.2. Soğutucu tarafı taşınım katsayısı

Çekirdeksel, konveksiyonel ve ayrık kaynama bölgelerine uygulanabilen ve dört boyutsuz parametre içeren Shah ilişkisi eşitlik (4.3) ile bulundu (Kakac, 1998).

$$\Psi = \frac{h_{TP}}{h_L} \tag{4.3}$$

Burada, ψ Shah ilişkisini gösteren boyutsuz parametre, h_{TP} ve h_L sırasıyla iki fazlı ısı iletim katsayısı, sıvı fazı için sıvı-sıvı arasındaki konveksiyon ısı transfer katsayısıdır. N_s boyutsuz parametresinin değerine göre Ψ değeri hesaplandı (Kakac, 1998).

$N_s>1$ için;

$$\Psi_{cb} = \frac{1.8}{N_s^{0,8}} \tag{4.4}$$

$$\Psi_{nb} = 230.B_0^{0,5} \qquad B_0 > 0{,}3x10^{-4} \qquad (4.5)$$

$$\Psi_{nb} = 1 + 46B_0^{0,5} \qquad B_0 < 0{,}3x10^{-4}$$

Burada B_0 kaynama sayısı olup, Ψ ; Ψ_{nb} ve Ψ_{cb} 'nin en büyüğüdür.

$0{,}1 < N_s < 1$ için;

$$\Psi_{bs} = FB_0^{0.5} \exp(2.74N_s^{-0,1}) \qquad (4.6)$$

Ψ ; Ψ_{bs} ve Ψ_{cb} 'nin en büyüğüdür.

Ns $\leq$ 0,1 için;

$$\Psi_{bs} = FB_0^{0.5} \exp(2.74N_s^{-0,15}) \qquad (4.7)$$

Ψ ; Ψ_{bs} ve Ψ_{cb} 'nin en büyüğüdür.

(4.6) ve (4.7) eşitliklerindeki F sabiti bu çalışmada $B_0 < 11x10^{-4}$ olduğundan, 15,43 olarak alındı.

4.3. Karlanma Tabakasının Isı İletim Katsayısı

Karlanma tabakasının ısı iletim katsayısı sadece karlanma tabakasının yoğunluğuna bağlıdır ve aşağıdaki şekilde yazılabilir (Lee ve ark., 2003).

$$k_{kar} = 0{,}132 + 3{,}13.10^{-4} \rho_{kar} + 1{,}6.10^{-7} \rho_{kar}^2 \qquad (4.8)$$

Burada k_{kar} ve ρ_{kar} sırasıyla karın ısı iletim katsayısını ve karlanma tabakasının yoğunluğunu göstermektedir.

4.4. Kütle Transfer Katsayısı

Kütle transfer katsayısını (U_m) hesaplamak için, kütle transfer katsayısı ile ısı transfer katsayısı arasında Lewis tarafından önerilen (4.9) bağıntısı kullanıldı ve Lewis sayısı, karlanma varsa 0,905 ve karlanma yoksa 1 olarak alınmaktadır (Tso ve ark., 2006).

$$U_m = \frac{h_{hava}}{Le\, c_p} \qquad (4.9)$$

4.5. Soğutucu Tarafındaki Enerji Dengesi

Soğutucu tarafındaki enerji dengesi,

$$M_{soğ} . c_{p.soğ} . \frac{\partial T_{soğ}}{\partial t} + \dot{m}_{soğ}\, c_{p.soğ} . \frac{\partial T_{soğ}}{\partial x} = A_i \cdot \frac{U_{h,s}}{L} (T_{hava} - T_{soğ}) \qquad (4.10)$$

şeklinde yazılabilir. Burada $c_{p,soğ}$ ve $M_{soğ}$ sırasıyla soğutucu akışkanın özgül ısısı, soğutucu akışkanın birim uzunluktaki kütlesini göstermektedir. $U_{h,s}$ boru iç kesit alanına göre yazılmış, havadan soğutucuya toplam ısı transfer katsayısıdır ve (4.11) eşitliği ile verilebilir.

$$U_{h,s} = \frac{1}{\dfrac{r_i}{h_{boru}(r_d + \delta_{kar})} + \dfrac{r_i}{k_{kar}} In\left(\dfrac{r_d + \delta_{kar}}{r_d}\right) + \dfrac{r_i}{k_{kanat}} In\left(\dfrac{r_d}{r_i}\right) + \dfrac{1}{h_{soğ}}} \qquad (4.11)$$

4.6. Kanat Tarafındaki Enerji Dengesi

Kanat tarafındaki enerji dengesi Şekil 4.1'deki kontrol hücresine göre (4.12) bağıntısı ile verilebilir.

$$q_x + q_y + q_{taş} + q_{süblimasyon} = q_{x+dx} + q_{y+dy} + \frac{\Delta E}{\Delta t} \tag{4.12}$$

Burada $\Delta E/\Delta t$ aşağıdaki gibi verilebilir.

$$\frac{\Delta E}{\Delta t} = m_{kanat}\, c_{p,kanat} \frac{\partial T_{kanat}}{\partial t} \tag{4.13}$$

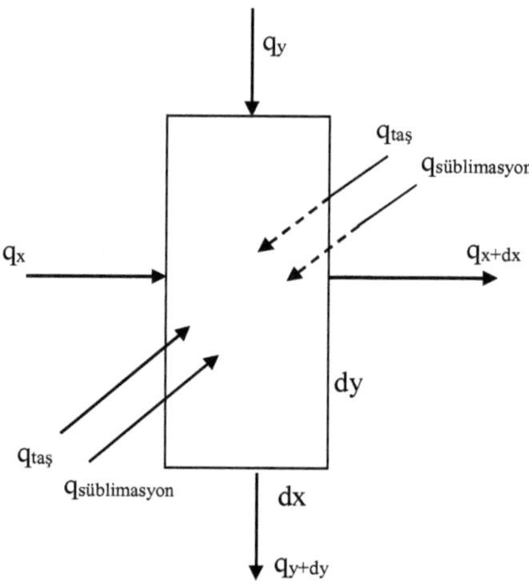

Şekil 4.1. Kanat için iki boyutlu diferansiyel kontrol hücresi

(4.12) bağıntısı daha açık yazılırsa aşağıdaki denklemler elde edilir.

$$m_{kanat}\, c_{p,kanat} \frac{\partial T_{kanat}}{\partial t} = q_x + q_y - (q_x + \frac{d(q_x)}{dx}.dx + q_y + \frac{d(q_y)}{dy}.dy) + \quad (4.14)$$
$$+ 2A_{kanat}\, U_{h,k}(T_{hava} - T_{kanat}) + U_m 2A_{kanat}(w_{hava} - w_{kar})h_{süb}$$

$$m_{kanat}\, c_{p,kanat} \frac{\partial T_{kanat}}{\partial t} = -\frac{d(q_x)}{dx}.dx - \frac{d(q_y)}{dy}.dy + 2A_{kanat}\, U_{h,k}(T_{hava} - T_{kanat}) \quad (4.15)$$
$$+ U_m 2A_{kanat}(w_{hava} - w_{kar})h_{süb}$$

$$m_{kanat}\, c_{p,kanat} \frac{\partial T_{kanat}}{\partial t} = k_{kanat} A_{uç} \frac{\partial^2 T_{kanat}}{\partial x^2} s_{kanat} + k_{kanat} A_{buç} \frac{\partial^2 T_{kanat}}{\partial y^2} L_{kanat} \quad (4.16)$$
$$+ 2A_{kanat}\, U_{h,k}(T_{hava} - T_{kanat}) + U_m 2A_{kanat}(w_{hava} - w_{kar})h_{süb}$$

Burada m_{kanat} kanat kütlesini, $c_{p,kanat}$ kanadın özgül ısısını göstermektedir. $U_{h,k}$ havadan kanat yüzeyine toplam ısı geçiş katsayısını göstermektedir ve eşitlik (4.17) ile verilir.

$$U_{h,k} = \frac{1}{\dfrac{1}{h_{kanat}} + \dfrac{\delta_{kar}}{k_{kar}}} \quad (4.17)$$

Kanat tarafındaki sınır koşulları için aşağıda verilen (4.18) ve (4.19) bağıntıları yazılabilir.

$$T_{kanat}(x = 0) = T_{boru}\ , \quad \frac{dT_{kanat}(x = s_{kanat})}{dx} = 0 \quad (4.18)$$

$$T_{kanat}(y = 0) = T_{boru}\ , \quad \frac{dT_{kanat}(y = L_{kanat})}{dy} = 0 \quad (4.19)$$

4.7. Boru Tarafındaki Enerji Dengesi

Boru tarafındaki enerji dengesi,

$$c_{p,boru} \cdot m_{boru} \cdot \frac{\partial T_{boru}}{\partial t} = q_{boru} + q_{kanat} - U_{h,s} A_i (T_a - T_r) \tag{4.20}$$

şeklinde yazılabilir.

Burada $c_{p,boru}$ ve m_{boru} sırasıyla borunun özgül ısısını ve borunun kütlesini göstermektedir.

q_{boru} boru yüzeyine havadan geçen ısı miktarı olup, eşitlik (4.21) ile hesaplanabilir.

$$q_{boru} = U_{h,b} A_0 (T_{hava} - T_{boru}) + U_m A_d (w_{hava} - w_{kar}) h_{süb} \tag{4.21}$$

Burada $U_{h,b}$ havadan boruya toplam ısı geçiş katsayısıdır ve eşitlik (4.22) ile verilir.

$$U_{h,b} = \frac{1}{\dfrac{1}{h_{boru}} + \dfrac{\delta_{kar}}{k_{kar}}} \tag{4.22}$$

4.8. Kar- Hava Ara yüzey Sıcaklığı ve Süblime Olan Su Buharı Kütlesi

Karlanma tabakasının gelişimi, havadan karlanma tabakasına transfer edilen su buharı miktarına bağlıdır. Transfer edilen su buharı miktarının bir kısmı karlanma tabakasında birikerek tabaka kalınlığını arttırırken, bir kısmı da gözenekli kar tabakası içinde dağılarak karlanma tabakasının yoğunluğunu arttırmaktadır. Nemli havadan karlanma tabakasına transfer olan toplam kütle akışı,

$$m''_{buhar} = U_m (w_{hava} - w_{kar}) \tag{4.23}$$

bağıntısı ile verilebilir.

Burada w_{hava} ve w_{kar} sırasıyla atmosferik havanın ve kar tabakası yüzeyindeki havanın özgül nemidir. W_{kar} ise (4.24) bağıntısından bulunur.

$$w_{kar} = \frac{0,622.P_{db}}{P - P_{db}} \tag{4.24}$$

Burada P_{db} , kar tabakasındaki havanın doyma basıncıdır ve (4.25) bağıntısı ile hesaplanabilir (Anonim, 1997).

$$\begin{aligned} \ln P_{db} &= C_1/(T_{kar} + 273,15) + C_2 + C_3.(T_{kar} + 273,15) + C_4.(T_{kar} + 273,15)^2 \\ &+ C_5.(T_{kar} + 273,15)^3 + C_6.(T_{kar} + 273,15)^4 + C_7.\ln(T_{kar} + 273,15) \end{aligned}$$

(4.25)

Burada;

C_1=-5674,5359

C_2=6,3925247

C_3=-0,9677843x10^{-2}

C_4=0,62215701x10^{-6}

C_5=0,20747825x10^{-8}

C_6=-0,9484024x10^{-12}

C_7=4,1635019

Karlanma tabakasının kalınlığını arttıran su buharı miktarı (m''_{kal}) ve karlanma tabakasının yoğunluğunu arttıran su buharı miktarının ($m''_{yoğ}$), toplamı nemli havadan karlanma tabakasına transfer olan toplam kütle akışını verir. Bu kütle akışları sırasıyla aşağıdaki bağıntılardan elde edilir.

$$m''_{buhar} = m''_{kal} + m''_{yoğ} = \frac{d(\delta_{kar}\rho_{kar})}{dt} = \rho_{kar}\frac{d\delta_{kar}}{dt} + \delta_{kar}\frac{d\rho_{kar}}{dt} \tag{4.26}$$

$$m''_{kal} = \rho_{kar}\frac{d\delta_{kar}}{dt} \tag{4.27}$$

$$m''_{yoğ} = \delta_{kar}\frac{d\rho_{kar}}{dt} \tag{4.28}$$

Burada δ_{kar} kar tabakasının kalınlığını göstermektedir

Karlanma tabakasının yoğunluğunu arttıran kütle, eşitlik (4.29) ile bulunur (Tso ve ark., 2006).

$$m''_{yoğ} = D\frac{d\rho_{buhar}}{dz} = \int_{z=0}^{z=\delta_{fst}} \varepsilon_{kar}\rho_{buhar}dz \tag{4.29}$$

Burada ε_{kar} absorbsiyon katsayısı (Tso ve ark., 2006), D difüzyon katsayısıdır ve sırasıyla aşağıdaki bağıntılarla hesaplanabilir (Yang ve ark., 2004).

$$\varepsilon_{kar} = D\left[\frac{1}{\delta_{kar}}\cosh^{-1}\left(\frac{\rho_{db}(T_{kar})}{\rho_{db}(T_{boru})}\right)\right]^2 \tag{4.30}$$

$$D = 2.302(0.98\times10^{5} / P_{kar})(T_{kar} / 256)^{1.81}\times10^{-5} \quad (4.31)$$

ρ_{buhar} su buharının yoğunluğudur ve eşitlik (4.28) ile verilir (Tso ve ark., 2006).

$$\rho_{buhar}(z) = \rho_{db}(T_{boru})\cosh\varphi z \quad (4.32)$$

Burada,

$$\varphi = \sqrt{\frac{\varepsilon_{kar}}{D}} \quad (4.33)$$

ifadesiyle verilir (Tso ve ark., 2006).

Kar hava tabakası için sınır koşulları,

z=0 için

$$\frac{d\rho_{buhar}}{dz} = 0 \quad (4.34)$$

$$\rho_{buhar} = \rho_{db}(T_{yüzey})$$

ve

$$z = \delta_{kar},\ \rho_{buhar} = \rho_{db}(T_{kar}) \quad (4.35)$$

şeklinde yazılabilir.

Her bir adımda değişen kar kalınlığı ve yoğunluğundaki artışın bir önceki zaman diliminde bulunan değere ilave edilmesi, sürekli sistem kabulüne imkân tanır. Gerçekte zamanla değişen bir model söz konusudur. Aşağıdaki denklemler her zaman dilimindeki, kar yoğunluğu ve kalınlığının hesaba nasıl yansıdığını göstermektedir.

$$\delta_{kar,t+\Delta t} = \delta_{kar,t} + \frac{m''_{\delta}}{\rho_{kar}}\Delta t \qquad (4.36)$$

$$\rho_{kar,t+\Delta t} = \rho_{kar,t} + \frac{m''_{\rho}}{\delta_{kar}}\Delta t \qquad (4.37)$$

Kar tabakasına transfer olan ısı miktarı eşitlik (4.38) ile bulunur.

$$q''_{hava} = m''_{buhar} h_{süb} + h_{hava}(T_{hava} - T_{kar}) \qquad (4.38)$$

Eşitlik (4.26)'nin yardımıyla eşitlik (4.38) aşağıdaki gibi ifade edilebilir.

$$q''_{hava} = \left[h_{hava}(T_{hava} - T_{kar}) + \rho_{kar}\frac{d\delta_{kar}}{dt}h_{sb} \right] + \delta_{kar}\frac{d\rho_{kar}}{dt}h_{süb} \qquad (4.39)$$

Eşitlik (4.39) de parantez içindeki ifade kar tabakası yüzeyine geçen enerji miktarını göstermektedir ve aynı zamanda eşitlik (4.40) ile de verilebilir.

$$k_{kar}\left(\frac{dT}{dz}\right)_{y} = h_{hava}(T_{hava} - T_{kar}) + \rho_{kar}\frac{d\delta_{kar}}{dt}h_{süb} \qquad (4.40)$$

Kar tabakasındaki sıcaklık dağılımını hesaplamak için, Şekil 4.2'de verilen kontrol hacmine, enerji dengesi uygulanırsa aşağıdaki denklem elde edilir.

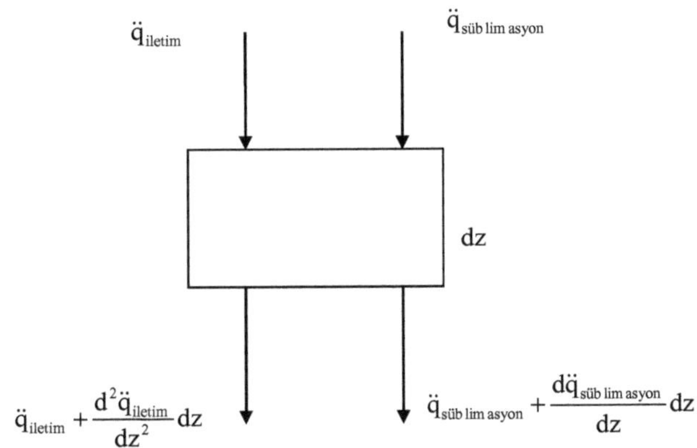

Şekil 4.2. dz kalınlığındaki bir kar tabakasından ısı geçişi

$$\ddot{q}_{iletim} + \ddot{q}_{süblimasyon} - (\ddot{q}_{iletim} + k_{fst}\frac{d^2T}{dz^2} + \ddot{q}_{süblimasyon} + \frac{d\ddot{q}_{süblimasyon}}{dz}dz) = 0 \tag{4.41}$$

$$k_{kar}\frac{d^2T}{dz^2}dz = -\frac{d\ddot{q}_{süblimasyon}}{dz}dz = -\frac{d\left(h_{sb}D\frac{d\rho_{buhar}}{dz}\right)}{dz}dz =$$

$$h_{sb}D\frac{d^2\rho_{buhar}}{dz^2} = -\varepsilon_{kar}\rho_{buhar}h_{süb} \tag{4.42}$$

$$k_{kar}\frac{d^2T_{kar}}{dz^2} = -\varepsilon_{kar}\rho_{buhar}h_{süb} \tag{4.43}$$

Eşitlik (4.43)'nin çözümü için aşağıdaki sınır koşulları yazılmalıdır.

z=0, $\quad T=T_{boru}$

$$z=\delta_{kar}, \quad k_{kar}\left(\frac{dT}{dz}\right)_y = q''_{hava} \qquad (4.44)$$

Eşitlik (4.43), verilen sınır koşullarına göre çözülürse, kar tabakası içindeki sıcaklık dağılımı eşitlik (4.45) ile elde edilebilir.

$$T(z)=\frac{\varepsilon_{kar}}{k_{kar}\varphi^2}h_{süb}\rho_{db}(T_{yüzey})(z\varphi \sinh\varphi\delta_{kar}-\cosh\varphi z+1)+\frac{q''_{hava}z}{k_{kar}}+T_{yüzey} \qquad (4.45)$$

4.9. Hava Tarafındaki Enerji Dengesi

Hava tarafındaki enerji dengesi kanat yüzeyi göz önüne alınarak (4.46) bağıntısı ile verilebilir.

$$M_{hava}.C_{p,hava}\frac{\partial T_{hava}}{\partial t}+\dot{m}_{hava}.C_{p,hava}\frac{\partial T_{hava}}{\partial x}=h_{hava}\cdot\frac{A_{kanat}}{L_{kanat}}(T_{hava}-T_{kar})+h_{süb}.\dot{m}_{hava}\frac{\partial w_{hava}}{\partial x}$$

(4.46)

Burada M_{hava}, $c_{p,hava}$ ve h_{sb} sırasıyla havanın birim uzunluktaki kütlesini, havanın özgül ısısını ve su buharının süblimasyon entalpisini göstermektedir.

4.10. Kanat Verimi

Çevreden kanada taşınımla ısı geçişi ve kanattan boru yüzeyine iletimle ısı geçişi olacaktır. Kanat ucu sıcaklığı kanat dibine doğru azalacaktır. Kanat dibine doğru sıcaklık azalmasını dikkate almak için kanat veriminin tanımlanması gerekir.

Kanat verimi eşitlik (4.47)'e göre bulunur (Lenic ve ark., 2009).

$$\eta_{kanat} = \frac{\tanh(dL)}{dL} \tag{4.47}$$

d, eşitlik (4.48) ile hesaplanabilir (Lenic ve ark., 2009).

$$d = \sqrt{\frac{1}{\frac{\delta_{kar}}{k_{kar}} + \frac{c_{p,hava}}{h_{hava}a}} \cdot \frac{1}{k_{kanat}\delta_{kanat}}} \tag{4.48}$$

L, eşdeğer kanat uzunluğu olup, eşitlik (4.49) ile verilir (Lenic ve ark., 2009).

$$L = r_d\left(\frac{r_{eş}}{r_d} - 1\right)\left(1 + 0{,}35.\ln\frac{r_{eş}}{r_d}\right) \tag{4.49}$$

Burada $\frac{r_{eş}}{r_d}$ oranı boru sırasına bağlıdır ve düz boru sırası için eşitlik (4.50) ile hesaplanır (Lenic ve ark., 2009).

$$\frac{r_{eş}}{r_d} = 1{,}28\frac{l_d}{r_d}\sqrt{\frac{l_y}{l_d} - 0{,}2} \tag{4.50}$$

Çapraz boru sırası için bu oran, bağıntı (4.51) ile hesaplandı.

$$\frac{r_{eş}}{r_d} = 1{,}27\frac{l_d}{r_d}\sqrt{\frac{l_y}{l_d} - 0{,}3} \tag{4.51}$$

4.11. Toplam Yüzey Verimi

Toplam yüzey verimi için, (4.52) bağıntısından verim ifadesi çıkarılarak (4.53) bağıntısı ile verilebilir.

$$q_T = \eta_T.h.A_T.\Delta T = h.A_T.\Delta T + \eta_{kanat}.h.A_{kanat}.\Delta T \qquad (4.52)$$

$$\eta_T = 1 - \frac{A_{kanat}}{A_T}(1 - \eta_{kanat}) \qquad (4.53)$$

4.12. Evaporatörün Toplam Isı transfer Katsayısının Hesaplanması

Toplam ısıl geçiş katsayısı için,

$$U = \frac{1}{\dfrac{1}{\eta_T h_{ef}} + \dfrac{1}{h_{soğ}\dfrac{A_i}{A_T}} + \dfrac{\delta_{kar}}{k_{kar}}} \qquad (4.54)$$

bağıntısı kullanılabilir. Toplam ısıl geçiş katsayısı bulunurken kirlilik faktörü ihmal edildi.

Eşitlik (4.55) ile verilen denklem düzenlenerek, h_{ef} eşitlik (4.56)'dan elde edilir.

$$q'_{hava} = m''_{buhar} h_{süb} A_T + h_{hava}(T_{hava} - T_{kar})A_T \qquad (4.55)$$

$$= \frac{h_{hava}(w_{hava} - w_{kar})h_{süb}}{Le.c_{p,hava}(T_{hava} - T_{kar})} A_T (T_{hava} - T_{kar}) + h_{hava}(T_{hava} - T_{kar})A_T$$

$$h_{ef} = h_{hava} + \frac{h_{hava}(w_{hava} - w_{kar})h_{süb}}{Le.c_{p,hava}(T_{hava} - T_{kar})} \qquad (4.56)$$

4.13. Hava Tarafı Basınç Düşümünün Hesaplanması

Hava tarafı basınç düşümü, (4.57) bağıntısı ile bulunabilir (Seker ve ark., 2004).

$$\Delta P_{hava} = \frac{G_{max}^2}{2\rho_{gir}}\left[\left(1+\sigma^2\right)\left(\frac{\rho_{gir}}{\rho_{çı}}-1\right)+f_{hava}\frac{A_T}{A_{min}}\frac{\rho_{gir}}{\rho_m}\right] \qquad (4.57)$$

(4.57) bağıntısında bulunan f_{hava} sürtünme faktörü, aynı geometriye sahip evaporatörler üzerinde deneysel çalışmalar yapan Karataş tarafından önerilen (4.58) bağıntısı ile hesaplanabilir (Seker ve ark., 2004).

$$f_{hava} = 0{,}152\,Re^{-0{,}164}\,\varepsilon^{-0{,}331} \qquad (4.58)$$

Burada ε etkenlik olup, evaporatörün soğutma tesir katsayısını gösteren bir büyüklüktür ve aşağıdaki gibi tanımlanır (Altınışık, 2003).

$$\varepsilon = 1-\exp(-NTU) \qquad (4.59)$$

Burada NTU, ısı değiştiricisi için geçiş birim sayısıdır ve (4.60) bağıntısı ile bulunur (Altınışık, 2003).

$$NTU = \frac{UA}{C_{min}} \qquad (4.60)$$

5. DENEYLER

Farklı hava giriş sıcaklıkları ve bağıl nem değerlerinin, UA üzerine etkisini görebilmek için Şekil 3.2' de verilen deney düzeneği hazırlandı. Farklı hava giriş sıcaklıkları için yapılan deneylerin hava koşulları Çizelge 5.1'de verildi.

Çizelge5.1. Farklı hava giriş sıcaklıkları için hava koşulları

	T_{hg} °C	Φ, %	u_{hava}, m/s	T_{ortam}, °C
1.Deney	8	71	1,1625	23,5
2.Deney	10	70	1,3	23,5
3.Deney	12	62	1,125	23,5

Farklı bağıl nem değerleri için yapılan deneylerin hava koşulları ise Çizelge 5.2'de verildi.

Çizelge 5.2. Farklı bağıl nemleri için hava koşulları

	T_{hg}, °C	Φ, %	U_{hava}, m/s	T_{ortam}, °C
4.Deney	8	50	1,2875	23,5
5.Deney	8	55	1,875	24
6.Deney	8	71	1,125	24

Deney sonuçları ile sayısal sonuçlar arasında elde edilen ortalama farklar Çizelge 5.3'de verildi. Deney sonuçları ile sayısal sonuçlar arasındaki ortalama fark (5.1) bağıntısı ile hesaplandı.

$$\text{Fark} = 100.\frac{(DS - SS)}{DS} \qquad (5.1)$$

Burada, DS deneysel verilerin ortalamasını, SS ise sayısal modelden elde edilen değerlerin ortalamasını göstermektedir.

Çizelge 5.3. Deneysel ve sayısal sonuçlar arasındaki ortalama fark

	Hata, %		**Hata, %**
1.Deney	5,09	**4.Deney**	4,71
2.Deney	5,34	**5.Deney**	3,07
3.Deney	7,24	**6.Deney**	5,03

5.1. Deneysel Verilerin Değerlendirilmesi için Hesaplama Yöntemi

Deneysel çalışmadan elde edilen verilerle, UA değerleri hesaplandı. EK-2'de verilen MATLAB R2010b programlama dilinde hazırlanan bir programla aşağıda belirtilen hesaplama yöntemine göre UA değerleri bulundu.

5.1.1. Hacimsel ve kütlesel hava debisinin hesabı

Havanın hızı kanal üzerine açılan dört noktanın hızının ortalaması alınarak (5.2) bağıntısı ile hesaplandı.

$$u_{ort} = \frac{(u_1 + u_2 + u_3 + u_4)}{4} \qquad (5.2)$$

Kanal içerisindeki havanın hacimsel debisi ise (5.3) bağıntısı ile bulundu.

$$\dot{V} = A.u_{ort} \tag{5.3}$$

Havanın kütlesel debisi (5.4) bağıntısı ile hesaplandı.

$$\dot{m} = \rho_{hava} A.u_{ort} \tag{5.4}$$

ρ_{hava}, $c_{p,hava}$, k_{hava}, υ_{hava} ve Pr sayısı, sıra ile (5.5), (5.6), (5.7), (5.8) ve (5.9) bağıntıları ile hesaplandı. Bu bağıntılar EK-4'de verilen tablodaki değerlerden faydalanılarak En Küçük Kareler Metodu'na göre sıcaklığa bağlı olarak EK-3'de verilen MATLAB R2010'da hazırlanan bir program ile elde edildi.

$$\rho_{hava} = 3,21.10^{-13}.T_{hava}^{5} + 2,91164.10^{-10}.T_{hava}^{4} - 9.43267961.10^{-8}.T_{hava}^{3} + 1,74865167.10^{-5}T_{hava}^{2} - 4,210451507849.10^{-3}T_{hava} + 1.27172928428878 \tag{5.5}$$

$$c_{p,hava} = -7,35654.10^{-10}.T_{hava}^{3} + 7,039414071.10^{-7}.T_{hava}^{2} - 6.617662124.10^{-6}.T_{hava} + 1,004228351813935 \tag{5.6}$$

$$k_{hava} = -2,1829285.10^{-8}.T_{hava}^{2} + 7,75497717820.10^{-5}.T_{hava} + 0.023992614793735 \tag{5.7}$$

$$\upsilon_{hava} = 9,312497188782315.10^{-11}.T_{hava}^{2} + 8,590787874997148.10^{-8}.T_{hava} + 1,358297067698768.10^{-5} \tag{5.8}$$

$$Pr = 2,822567491733898.10^{-7}.T_{hava}^{2} - 2,106760350579977.10^{-4}.T_{hava} + 7,183495256743111.10^{-1} \tag{5.9}$$

5.1.2 Havanın evaporatör giriş ve çıkışındaki entalpisi

Nemli havanın evaporatöre giriş ve çıkış entalpisi (5.10) bağıntısıyla bulundu.

$$i = i_{hava} + w_{hava} i_{buhar} \quad (5.10)$$

Nemli hava içindeki buharın entalpisi, (5.11) bağıntısı ile hesaplandı.

$$i_{buhar} = 2501{,}3 + 1{,}82 T_{hava} \quad (5.11)$$

(5.11) bağıntısı yukarıdaki ifadeye göre tekrar düzenlenirse aşağıdaki bağıntı elde edilir.

$$i = c_{p,hava} T_{hava} + w_{hava}(2501{,}3 + 1{,}82 T_{hava}) \quad (5.12)$$

Havanın evaporatöre giriş ve çıkış özgül nemleri aşağıda belirtilen bağıntılarla hesaplandı (Anonim, 1997).

$-100^{\circ}C < T_{hava} \leq 0^{\circ}C$ için; hava sıcaklığına karşı gelen doyma basıncı aşağıdaki bağıntılar ile hesaplanabilir (Anonim, 1997).

$$P_{db} = e^{\alpha} \quad (5.13)$$

$$\alpha = C_1/(T_{hava} + 273{,}15) + C_2 + C_3.(T_{hava} + 273{,}15) + C_4.(T_{hava} + 273{,}15)^2 + C_5.(T_{hava} + 273{,}15)^3 + C_6.(T_{hava} + 273{,}15)^4 + C_7.\text{In}(T_{hava} + 273{,}15) \quad (5.14)$$

Bu bağıntıdaki sabitler ise,

C_1=-5674,5359

C_2=6,3925247

C_3=-0,9677843.10^{-2}

C_4=0,62215701.10^{-6}

C_5=0,20747825.10^{-8}

C_6=-0,9484024.10^{-12}

C_7=4,1635019

ifadeleri ile bulunabilir.

$0^\circ C < T_{hava} < 200^\circ C$ için; hava sıcaklığına karşı gelen doyma basıncı aşağıdaki bağıntılar ile verildi (Anonim, 1997).

$$P_{db} = e^{\alpha} \qquad (5.15)$$

$$\alpha = C_8/(T_{hava} + 273.15) + C_9 + C_{10}.(T_{hava} + 273,15) + C_{11}.(T_{hava} + 273,15)^2 + C_{12}.(T_{hava} + 273,15)^3 + C_{13}.In(T_{hava} + 273,15) \qquad (5.16)$$

Bu bağıntıdaki sabitler,

C_8=-5,8002206.10^3

C_9=1,3914993

C_{10}=-4,8640239.10^{-2}

C_{11}=4,1764768.10^{-5}

C_{12}=-1,445209.10^{-8}

C_{13}=6,5459673

bağıntıları ile hesaplanabilmektedir.

Havanın kısmi basıncı ve özgül nemi aşağıdaki bağıntılardan bulunabilir.

$$P_{buhar} = \phi P_{db} \qquad (5.17)$$

$$w_{hava} = \frac{0,622.P_{buhar}}{P - P_{buhar}} \tag{5.18}$$

Burada P havanın toplam basıncıdır.

5.1.3. Hava tarafı ısı geçişi

Kanalın bulunduğu ortamdaki havanın sıcaklığı kanal içindeki hava sıcaklığından yüksek olduğu için, kanaldaki test bölgesine ısı kazancı olmaktadır. Hava tarafı ısı geçişi (5.19) bağıntısından hesaplanmaktadır.

$$q_{hava} = \dot{m}_{hava}(i_{hg} - i_{hç}) - (UA)_{kanal}(T_{ortam} - T_{içyüzey}) \tag{5.19}$$

Burada, $(UA)_{kanal}$ ifadesi kanalın toplam ısıl geçirgenliği olup, aşağıdaki bağıntıdan elde edildi.

$$(UA)_{kanal} = \frac{1}{R_{kanal}} \tag{5.20}$$

Toplam ısıl direnç değeri (5.21) bağıntısından bulundu.

$$R_{kanal} = \frac{t_{kanal}}{k_{kanal}A_{kanal}} + \frac{t_{yal}}{k_{yal}A_{yal}} + \frac{t_{sac}}{k_{sac}A_{sac}} + \frac{1}{h_d A_{kanal}} \tag{5.21}$$

Hava tarafındaki doğal taşınım katsayısı (5.22) bağıntısından elde edildi (Altınışık, 2003).

$$h_d = \frac{0{,}54.k}{L}.\left(\frac{\beta.9{,}81.\Delta T.L^3.Pr}{\upsilon^2}\right)^{1/4} \quad (5.22)$$

Burada β, hacimsel genleşme katsayısıdır, L ise test bölgesinin uzunluğudur ve evaporatörün bulunduğu test bölgesinin toplam alanının, çevresine bölünmesiyle elde edilir (Altınışık, 2003).

$$L_{kanal} = \frac{A_{kanal}}{P_{kanal}} \quad (5.23)$$

5.1.4. Logaritmik ortalama sıcaklık farkı

Logaritmik ortalama sıcaklık farkı Şekil 5.2'de verilen şekle göre, (5.24) bağıntısından bulundu.

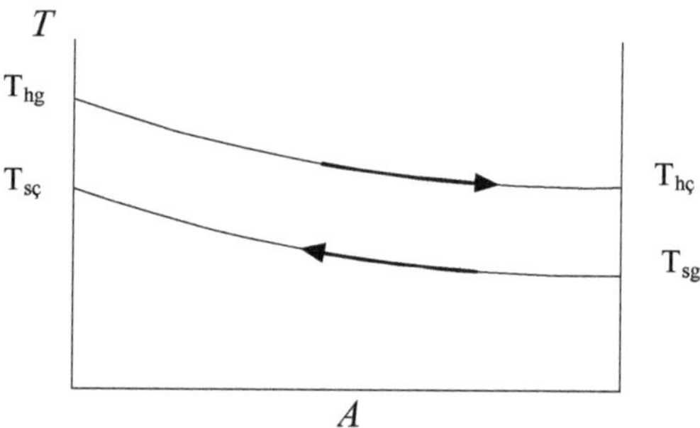

Şekil 5.1. Ters akım durumu

$$\Delta T_m = \frac{(T_{hg} - T_{sç}) - (T_{hç} - T_{sg})}{\ln\left(\frac{(T_{hg} - T_{sç})}{(T_{hç} - T_{sg})}\right)} \quad (5.24)$$

5.1.5. Soğutucu akışkan tarafı ısı geçişi

Soğutucu akışkandan transfer olan ısı, aşağıdaki bağıntıdan bulundu.

$$q_{soğ} = \dot{m}_{soğ}(i_{sç} - i_{sg}) \qquad (5.25)$$

Burada i_{ri} ve i_{ro} soğutucu akışkanın evaporatöre giriş ve çıkıştaki entalpisidir ve EK-5'de verilen tablo kullanılarak En Küçük Kareler Metodu'na göre elde edilen aşağıdaki bağıntılardan hesaplandı.

Soğutucu akışkanın evaporatöre girişteki entalpisi (5.26) bağıntısından bulunur.

$$i_{sg} = (753{,}06.10^{-8}.T_{sg}^{\ 3} + 14{,}124.10^{-4}.T_{sg}^{\ 2} + 1{,}1723.T_{sg} + 199{,}99).10^{3} \qquad (5.26)$$

Soğutucu akışkanın evaporatörden çıkıştaki entalpisi, (5.27) bağıntısından bulundu.

$$i_{sç} = (-110{,}95.10^{-7}.T_{sç}^{\ 3} - 17{,}761.10^{4}T_{sç}^{\ 2} + 0{,}36939.T_{sç} + 405{,}06).10^{3} \qquad (5.27)$$

5.1.6. Evaporatörün toplam ısıl geçirgenliği

Evaporatörün ısıl kapasitesi soğutucu akışkan ve hava tarafındaki ısıl kapasitelerin aritmetik ortalaması alınarak (5.28) bağıntısı ile hesaplandı.

$$q_{ort} = \frac{q_{hava} + q_{soğ}}{2} \qquad (5.28)$$

Evaporatörün toplam ısıl geçirgenliği aşağıdaki bağıntılardan bulundu.

$$q_{ort} = U.A.\Delta T_m \qquad (5.29)$$

$$UA = \frac{q_{ort}}{\Delta T_m} \qquad (5.30)$$

Ölçülen deneysel verilerden yararlanılarak, UA değerleri hesaplandı. Hesaplanan deneysel sonuçlar ile sayısal modelin sonuçları mukayese edilerek, modelin doğruluğu belirlendi.

Şekil 5.2 ve 5.3'de yapılan deneylerin etkenlik değerlerinin, UA değerlerine göre değişimi verildi.

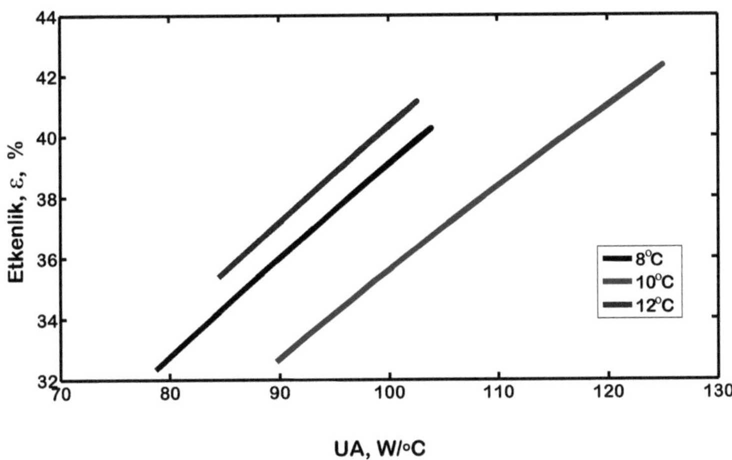

Şekil 5.2. T_{hg}=12°C, Φ=%62, u_{hava}=1.125m/s; T_{hg}=10°C, Φ=%70, u_{hava}=1.3m/s; T_{hg}=8°C, Φ=%71,u_{hava}=1.1625m/s için etkenliğin, toplam ısıl geçirgenliğine göre değişimi

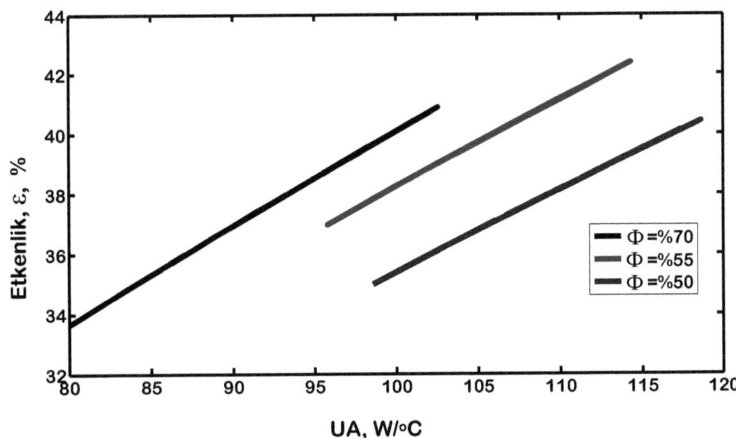

Şekil 5 3. T_{hg}=8°C, Φ=%70, u_{hava}=1.125m/s; T_{hg}=8°C, Φ=%55, u_{hava}=1.1875m/s; T_{hg}=8°C, Φ=%50, u_{hava}=1.2875m/s için etkenliğin, toplam ısıl geçirgenliğine göre değişimi

Şekil 5.4-5.9'da hava ve soğutucu tarafındaki ısı transferlerinin zamana göre değişimi verildi. Şekillerden de görüldüğü gibi hava tarafında kanala olan ısı kazançlarından ve soğutucu tarafında ısı kazancı ve sürtünme kayıplarından kaynaklanan %10 civarında bir fark mecuttur.

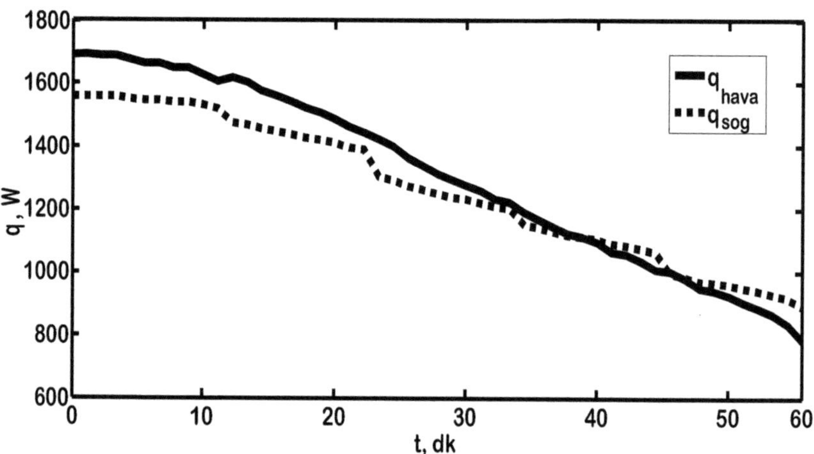

Şekil 5.4 T_{hg}=8°C, Φ=%71,u_{hava}=1.1625m/s için ısı transferinin zamana göre değişimi

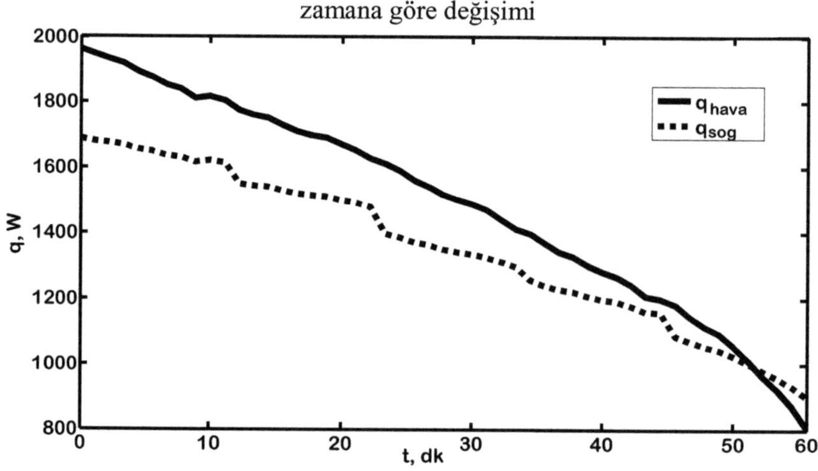

Şekil 5.5. T_{hg}=10°C, Φ=%70, u_{hava}=1.3m/s için ısı transferinin zamana göre değişimi

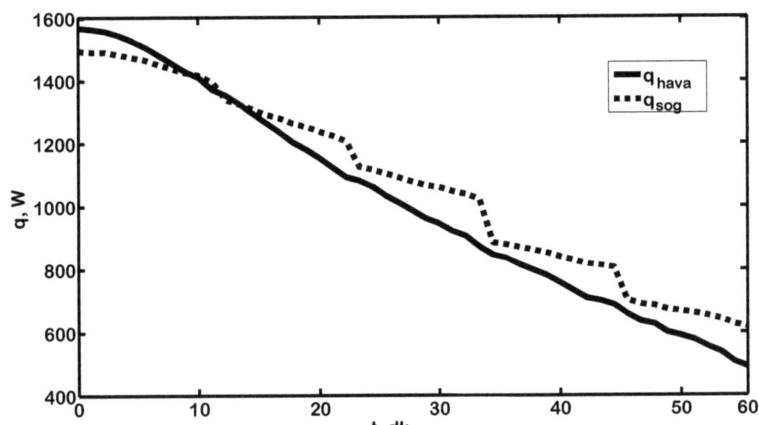

Şekil 5.6. T_{hg}=12°C, Φ=%62, u_{hava}=1.125m/s için ısı transferinin zamana göre değişimi

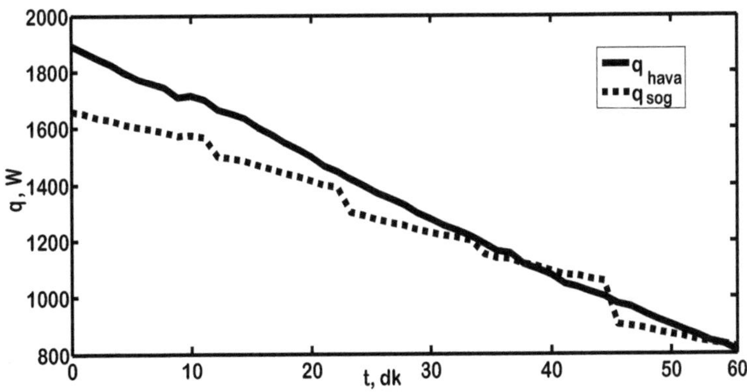

Şekil 5 7. T_{hg}=8°C, Φ=%50, u_{hava}=1.2875m/s için ısı transferinin zamana göre değişimi

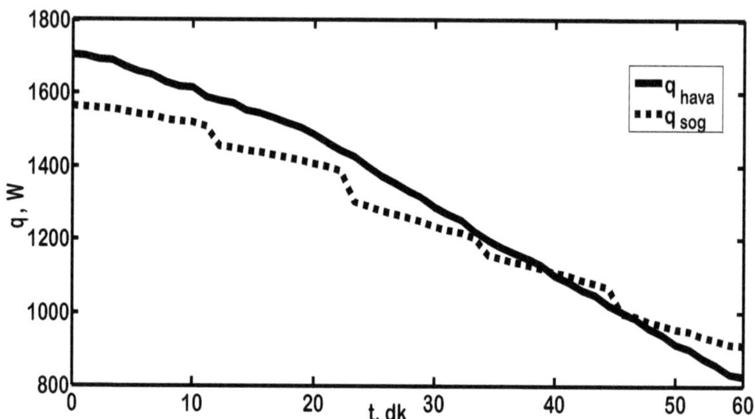

Şekil 5 8. T_{hg}=8°C, Φ=%55, u_{hava}=1.1875m/s için ısı transferinin zamana göre değişimi

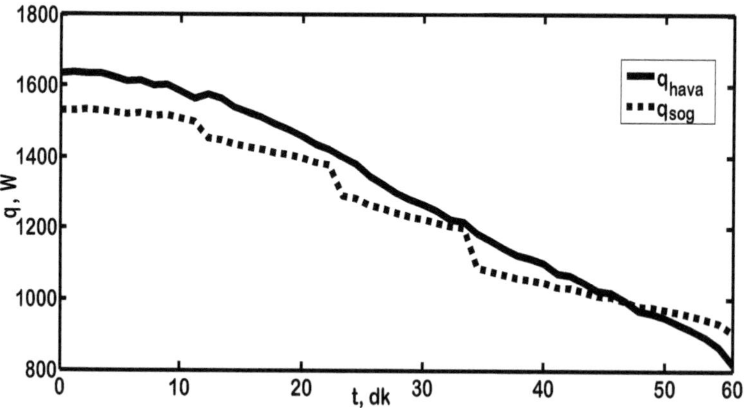

Şekil 5 9. T_{hg}=8°C, Φ=%70, u_{hava}=1.125m/s için ısı transferinin zamana göre değişimi

Şekil 5.10'da verilen psikrometrik diyagramda karlanma olayı anlatıldı. Kar tabakasının oluşumunu açıklamak için 11.dakikadaki değerler kullanıldı. Havanın evaporatöre giriş sıcaklığı, T_{hg}=4,29 °C ve evaporatörden çıkış sıcaklığı $T_{hç}$=-2.94 °C'dır. Havanın evaporatöre giriş bağıl nemi Φ_{hg}=%59,31 ve evaporatöreden çıkış bağıl nemi $\Phi_{hç}$=%64,77 değerindedir. Havanın wvaporatöre giriş ve çıkış bağıl nemleri sırasıyla whg= 0,0028 kg/kg, whç= 0,0019 kg/kg olarak bulundu. Bu değerlerden 11. dakikada havadan evaporatör yüzeyi üzerine geçen buhar miktarı (5.31) bağıntısı ile aşağıdaki gibi bulunur.

$$\dot{m}_{süb} = \dot{m}_h (w_{hg} - w_{hç}) \tag{5.31}$$

$$\dot{m}_{süb} = 0,1942(0,0028 - 0,0019) = 0,00017478$$

Evaporatör yüzeyine geçen havadaki buhar miktarı 0,00017478 kg olarak bulundu.

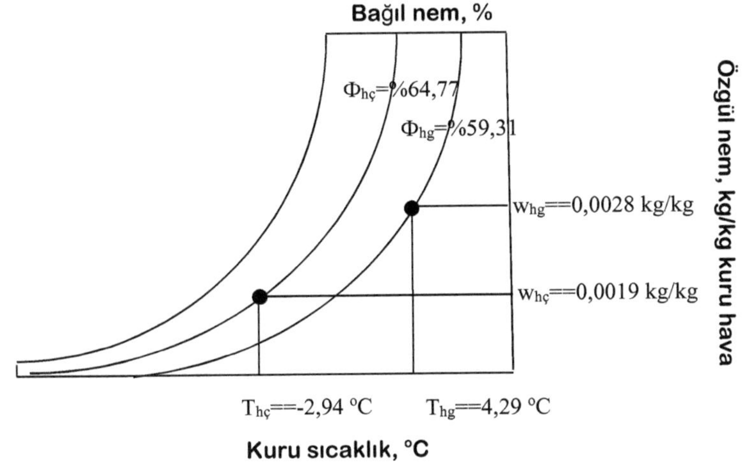

Şekil 5.10. Karlanma olayının psikrometrik diyagramda gösterilmesi

6. BELİRSİZLİK ANALİZİ

Deneysel bulguların hata analizi için belirsizlik analizi adı verilen hassas bir yöntem, Kline ve McClintock tarafından ortaya atıldı (Holman, 1996). Bu çalışmada, Kline ve McClintock yöntemi kullanılarak UA değeri için belirsizlik analizi yapıldı. Ölçülen büyüklükler için belirsizlik değerleri Çizelge 6.1'de verildi.

Çizelge 6.1.Ölçüm cihazlarının özellikleri ve hassasiyeti.

Ölçüm cihazı	Aralık	Doğruluk
Sıcaklık ve nem ölçer	-20 to 80 (°C); 0-100(%R.H.)	± 0.9 (°C); % ± 3.0 (R.H.)
K tipi termoeleman	-40 to 1200 (°C)	% ± 2 (°C)
Anemometre	0-15(m/s), 0-80 (°C)	% ±2(m/s), % ±3(°C)
Şerit metre	0-5 (m)	±0,0013 (m)
Kumpas	0-300 (mm)	± 0,00005 (m)

Ayrıca belirsizlik analizinde kullanılan Pr sayısı, kinematik viskozite ve ısı iletim katsayısına ait hata oranları sırası ile aşağıdaki bağıntılar ile bulundu.

$$W_{Pr} = [(\frac{d\,Pr}{dT_{hava}} W_{Thava})^2]^{1/2} \tag{6.1}$$

$$W_{\upsilon} = [(\frac{d\upsilon}{dT_{hava}} W_{Thava})^2]^{1/2} \tag{6.2}$$

$$W_{k} = [(\frac{dk}{dT_{hava}} W_{Thava})^2]^{1/2} \tag{6.3}$$

Pr sayısının, kinematik viskozitenin ve ısı iletim katsayısının hava sıcaklığına göre türevi alınırsa (6.4), (6.5) ve (6.6) bağıntıları elde edilir.

$$\frac{d\,Pr}{dT_{hava}} = 2.2{,}822567491733898.10^{7}.T_{hava} - 2{,}106760350579977.10^{4} \tag{6.4}$$

$$\frac{dk_{hava}}{dT_{hava}} = 2.-2{,}1829285.10^{-8}.T_{hava} + 7{,}75497717\ 820.10^{-5} \tag{6.5}$$

$$\frac{d\upsilon_{hava}}{dT_{hava}} = 2.9{,}312497185782315.10^{-11}.T_{hava} + 8{,}590787874997148.10^{-8} \tag{6.6}$$

Pr sayısı, kinematik viskozite ve ısı iletim katsayısına ait toplam hata miktarları sırasıyla aşağıdaki bağıntılar ile verilebilir.

$$\%hata_{Pr} = 100.\frac{W_{Pr}}{Pr} \tag{6.7}$$

$$\%hata_{\upsilon} = 100.\frac{W_{\upsilon}}{\upsilon} \tag{6.8}$$

$$\%hata_{k} = 100.\frac{W_{k}}{k} \tag{6.9}$$

Pr sayısı, kinematik viskozite ve ısı iletim katsayısına ait hata miktarları Çizelge 6.2'de verildi.

Çizelge 6.2. Pr sayısına, kinematik viskozite ve ısı iletim katsayısına ait hata miktarları.

W_{Pr} %	W_{v} %	W_{k}%
0,03	0,54	0,28

6.1. Doğal Taşınım Katsayısı için Belirsizlik Değerinin Bulunması

Hava tarafındaki doğal taşınım katsayısı için belirsizlik değeri (6.10) ve (6.11) bağıntılarından hesaplanabilir.

$$W_{hd} = [(\frac{dh_d}{dk} W_k)^2 + (\frac{dh_d}{d\beta} W_\beta)^2 + (\frac{dh_d}{d\,Pr} W_{Pr})^2 + (\frac{dh_d}{d\upsilon} W_\upsilon)^2 + (\frac{dh_d}{d\Delta T} W_{\Delta T})^2 + (\frac{dh_d}{dL} W_L)^2]^{1/2} \quad (6.10)$$

Burada W_{hd}, h_d büyüklüğünün hata miktarıdır ve her bir bağımsız değişkene ait hata oranları; W_k=%0,28, W_β=%1, W_{Pr}=%0,03, W_υ=%0,54 (Çizelge 6.2).ve $W_{\Delta T}$=%3, W_L=0,0013 olarak alındı (Çizelge 6.1).

Toplam hata miktarı aşağıdaki bağıntı ile verilebilir.

$$\%hata_{hd} = 100.\frac{W_{hd}}{h_d} \quad (6.11)$$

(5.22) bağıntısı ile verilen doğal taşınım katsayısının bağımsız değişkenlerine ait hata oranları, aşağıdaki bağıntılar ile bulunur.

$$h_d = \frac{0,54.k}{L}.\left(\frac{\beta.9,81.\Delta T.L^3.Pr}{\upsilon^2}\right)^{1/4} \quad (5.22)$$

Doğal taşınım katsayısının, ısı iletim katsayısına ve β göre göre türevi alınırsa (6.12) ve (6.13) bağıntıları elde edilir.

$$\frac{dh_d}{dk}=\frac{0,54}{L}.\left(\frac{\beta.9,81.\Delta T.L^3.Pr}{\upsilon^2}\right)^{1/4} \quad (6.12)$$

$$\frac{dh_d}{d\beta}=\frac{0,54.k}{4.L}.\frac{9,81.\Delta T.L^3.Pr}{\upsilon^2}.\left(\frac{\beta.9,81.\Delta T.L^3.Pr}{\upsilon^2}\right)^{-3/4} \quad (6.13)$$

Doğal taşınım katsayısının Pr sayısına göre türevi alınırsa aşağıdaki bağıntı elde edilir.

$$\frac{dh_d}{dPr}=\frac{0,54.k}{4.L}.\frac{\beta.9,81.\Delta T.L^3}{\upsilon^2}.\left(\frac{\beta.9,81.\Delta T.L^3.Pr}{\upsilon^2}\right)^{-3/4} \quad (6.14)$$

Doğal taşınım katsayısının kinematik viskozite ve sıcaklık farkına göre türevi alınırsa (6.15) ve (6.16) bağıntıları elde edilir.

$$\frac{dh_d}{d\upsilon}=\frac{0,54.k}{4.L}.\frac{-2.\beta.9,81.\Delta T.L^3.Pr}{\upsilon^3}.\left(\frac{\beta.9,81.\Delta T.L^3.Pr}{\upsilon^2}\right)^{-3/4} \quad (6.15)$$

$$\frac{dh_d}{d\Delta T}=\frac{0,54.k}{4.L}.\frac{\beta.9,81.L^3.Pr}{\upsilon^2}.\left(\frac{\beta.9,81.\Delta T.L^3.Pr}{\upsilon^2}\right)^{-3/4} \quad (6.16)$$

Doğal taşınım katsayısının uzunluğa göre türevi alınırsa aşağıdaki bağıntı elde edilir.

$$\frac{dh_d}{dL}=\frac{-0,54.k}{4.L^{5/4}}.\left(\frac{\beta.9,81.\Delta T.Pr}{\upsilon^2}\right)^{1/4} \quad (6.17)$$

6.2. Toplam Isıl Direnç Değeri için Belirsizlik Değerinin Bulunması

Toplam ısıl direnç değeri için belirsizlik, aşağıdaki bağıntılardan bulunabilir.

$$W_{Rkanal} = [(\frac{dR_{kanal}}{dt_{kanal}} W_{tkanal})^2 + (\frac{dR_{kanal}}{dt_{yal}} W_{yal})^2 + (\frac{dR_{kanal}}{dt_{sac}} W_{tsac})^2 + (\frac{dR_{kanal}}{dA_{kanal}} W_{Akanal})^2 + (\frac{dR_{kanal}}{dh_d} W_{hd})^2]^{1/2} \quad (6.18)$$

W_{Rkanal}, R_{kanal} büyüklüğünün hata miktarıdır ve her bir bağımsız değişkene ait hata oranları, W_{tkanal}=0,00005 m, W_{tyal}=0,00005 m ve W_{tsac}=0,00005 m olarak alındı (Çizelge 6.1). W_{Akanal}=0,001m^2 olarak tespit edildi.

Toplam hata miktarı aşağıdaki bağıntı ile bulunabilir.

$$\%hata_{Rkanal} = 100.\frac{W_{Rkanal}}{R_{kanal}} \quad (6.19)$$

(5.21) bağıntısı ile verilen toplam ısıl direnç değerinin bağımsız değişkenlerine ait hata oranları, aşağıdaki bağıntılar ile bulunur.

$$R_{kanal} = \frac{t_{kanal}}{k_{kanal} A_{kanal}} + \frac{t_{yal}}{k_{yal} A_{kanal}} + \frac{t_{sac}}{k_{sac} A_{kanal}} + \frac{1}{h_d A_{kanal}} \quad (5.21)$$

Toplam ısıl direnç değerinin; kanal kalınlığına, yalıtım kalınlığına ve sac kalınlığına göre türevi alınırsa aşağıdaki bağıntılar elde edilir.

$$\frac{dR_{kanal}}{dt_{kanal}} = \frac{1}{k_{kanal} A_{kanal}} \tag{6.20}$$

$$\frac{dR_{kanal}}{dt_{yal}} = \frac{1}{k_{yal} A_{kanal}} \tag{6.21}$$

$$\frac{dR_{kanal}}{dt_{sac}} = \frac{1}{k_{sac} A_{kanal}} \tag{6.22}$$

Toplam ısıl direnç değerinin; kanal alanına ve doğal taşınım katsayısına göre türevi alınırsa (6.23) ve (6.24) bağıntıları elde edilir.

$$\frac{dR_{kanal}}{dA_{kanal}} = -\frac{t_{kanal}}{k_{kanal} A_{kanal}^2} - \frac{t_{yal}}{k_{yal} A_{kanal}^2} - \frac{t_{sac}}{k_{sac} A_{kanal}^2} - \frac{1}{h_d A_{kanal}^2} \tag{6.23}$$

$$\frac{dR_{kanal}}{dh_{dl}} = -\frac{1}{h_d^2 A_{kanal}} \tag{6.24}$$

6.3. Kanalın Isıl Geçirgenliği için Belirsizlik Değerinin Bulunması

Kanalın ısıl geçirgenliği için belirsizlik değeri, aşağıdaki bağıntılardan bulunabilir.

$$W_{(UA)kanal} = [(\frac{d(UA)_{kanal}}{dR_{kanal}} W_{Rkanal})^2]^{1/2} \tag{6.25}$$

$W_{(UA)kanal}$, $(UA)_{kanal}$ büyüklüğünün hata miktarı ve bağımsız değişkene ait hata oranı W_{Rkanal} ise; $W_{(UA)kanal}$.için toplam hata miktarı,

$$\%hata_{(UA)_{kanal}} = 100.\frac{W_{(UA)_{kanal}}}{(UA)_{kanal}} \quad (6.26)$$

ifadesi ile bulunabilir.

(5.20) bağıntısı ile verilen kanalın ısıl geçirgenliğinin, R_{kanal} bağımsız değişkenine göre türevi (6.27) bağıntısı ile bulunur.

$$(UA)_{kanal} = \frac{1}{R_{kanal}} \quad (5.20)$$

$$\frac{d(UA)_{kanal}}{dR_{kanal}} = -\frac{1}{R_{kanal}^2} \quad (6.27)$$

6.4. Hava Tarafı Isı Geçişi için Belirsizlik Değerinin Bulunması

(5.19) bağıntısında verilen hava tarafı ısı geçişi, değişkenlere göre türevinin alınabilmesi için

$$q_{hava} = \dot{m}_a (i_{hg} - i_{hç}) - (UA)_{kanal}(T_{ortam} - T_{içyüzey}) \quad (5.19)$$

(6.28) bağıntısı ile daha açık bir şekilde verilebilir.

$$q_a = \left[\left(c_{p,hg} T_{hg} + \left(\frac{0,622.\phi.P_{db}}{P - \phi.P_{db}} \right)_g (2501,3 + 1,82T_{hg}) \right) - \left(c_{p,hç} T_{hç} + \left(\frac{0,622.\phi.P_{db}}{P - \phi.P_{db}} \right)_ç (2501,3 + 1,82T_{hç}) \right) \right] .\rho_a A.u_{ort} - (UA)_{kanal}(T_{ortam} - T_{içyüzey}) \quad (6.28)$$

Burada ρ_{hava}, (5.5) bağıntısı ile daha önce T_{hava} sıcaklığına bağlı olarak verildi.

$$\rho_{hava} = 3,21.10^{-13}.T_{hava}^{5} + 2,91164.10^{-10}.T_{hava}^{4} - 9.4326796.10^{-8}.T_{hava}^{3}$$
$$+1,74865167.10^{-5}T_{hava}^{2} - 4,210451507849.10^{-3}T_{hava} \qquad (5.5)$$
$$+1.271729238428878$$

Hava tarafı ısı geçişi için belirsizlik değeri, aşağıdaki bağıntılardan bulunabilir.

$$W_{qhava} = [(\frac{dq_{hava}}{d\phi_g}W_{\phi g})^2 + (\frac{dq_{hava}}{d\phi_ç}W_{\phi ç})^2 + (\frac{dq_{hava}}{dP_{wdbg}}W_{pdbg})^2 + (\frac{dq_{hava}}{dP_{dbç}}W_{pdbç})^2$$
$$+(\frac{dq_{hava}}{dP_{(UA)kanal}}W_{(UA)kanal})^2 + (\frac{dq_{hava}}{dP_{Thg}}W_{Thg})^2 + (\frac{dq_{hava}}{dP_{Thç}}W_{Thç})^2 \qquad (6.29)$$
$$+(\frac{dq_{hava}}{dA_{kanal}}W_{Akanal})^2 + (\frac{dq_{hava}}{du_{ort}}W_{uort})^2]^{1/2}$$

Burada W_{qhava}, q_{hava} büyüklüğünün hata miktarıdır ve her bir bağımsız değişkene ait hata oranları, W_{Pdbg} -$W_{Pdbç}$=%1 ve $W_{\Phi g}$-$W_{\Phi ç}$=%3, ,W_{Thg} -$W_{Thç}$=0,9°C ve W_{uort}=%2 olarak alındı (Çizelge 6.1).

Toplam hata miktarı (6.30) bağıntısı ile bulundu.

$$\%hata_{qhava} = 100.\frac{W_{qhava}}{q_{hava}} \qquad (6.30)$$

Hava tarafı ısı geçişinin bağımsız değişkenlerine ait hata oranları, aşağıdaki bağıntılar ile bulunur.

Hava tarafı ısı geçişinin havanın evaporatöre giriş ve çıkıştaki bağıl nemine bağlı olarak türevi alınırsa aşağıdaki bağıntılar elde edilir.

$$\frac{dq_{hava}}{d\phi_i} = ((0{,}622.0{,}01.P_{dbg}.(100000-\phi_g.0{,}01.P_{dbg})-0{,}622.\phi_g.0{,}01.P_{dbg}.-0{,}01.P_{dbg})$$

$$.(100000-\phi_g.0{,}01.P_{dbg})^{-2}).(2500{,}9+1{,}82.T_{hg}).10^3.\dot{m}_{hava}$$

(6.31)

$$\frac{dq_{hava}}{d\phi_ç} = ((0{,}622.0{,}01.P_{dbç}.(100000-\phi_ç.0{,}01.P_{dbç})-0{,}622.\phi_ç.0{,}01.P_{dbç}.-0{,}01.P_{dbç})$$

$$.(100000-\phi_ç.0{,}01.P_{dbç})^{-2}).(2500{,}9+1{,}82.T_{hç}).-10^3.\dot{m}_{hava}$$

(6.32)

Hava tarafı ısı geçişinin havanın evaporatöre giriş ve çıkıştaki doyma basıncına göre türevi alındığı takdirde,

$$\frac{dq_{hava}}{dP_{dbg}} = ((0{,}622.0{,}01.\phi_g.(100000-\phi_g.0{,}01.P_{dbg})-0{,}622.\phi_g.0{,}01.P_{dbg}.-0{,}01.\phi_g)$$

$$.(100000-\phi_g.0{,}01.P_{dbg})^{-2}).(2500{,}9+1{,}82.T_{hg}).10^3.\dot{m}_{hava}$$

(6.33)

$$\frac{dq_{hava}}{dP_{dbç}} = ((0{,}622.0{,}01.\phi_ç.(100000-\phi_ç.0{,}01.P_{dbç})-0{,}622.\phi_ç.0{,}01.P_{dbç}.-0{,}01.\phi_ç)$$

$$.(100000-\phi_ç.0{,}01.P_{dbç})^{-2}).(2500{,}9+1{,}82.T_{hç}).-10^3.\dot{m}_{hava}$$

(6.34)

ifadeleri elde edilir.

Hava tarafı ısı geçişinin kanalın ısıl geçirgenliğine ve ortam sıcaklığına göre türevi alınırsa (6.35) ve (6.36) bağıntıları elde edilir.

$$\frac{dq_a}{d(UA)_{kanal}} = -(T_{ortam} - T_{içyüzey}) \tag{6.35}$$

$$\frac{dq_a}{dT_{ortam}} = -(UA)_{kanal} \tag{6.36}$$

Hava tarafı ısı geçişinin kanalın iç yüzey sıcaklığına göre türevi alınırsa aşağıdaki bağıntı ile elde edilir.

$$\frac{dq_a}{dT_{içyüzey}} = (UA)_{kanal} \tag{6.37}$$

Hava tarafı ısı geçişinin havanın evaporatöre giriş ve çıkış sıcaklıklarına göre türevi alınırsa (6.39) ve (6.40) bağıntıları ile elde edilir.

$$\frac{dq_{hava}}{dT_{hg}} = A.u_{ort}(5.3{,}21.10^{-13}.T_{hg}^4 + 4.2{,}91164.10^{-10}T_{hg}^3 - 3.9{,}4326796.10^{-8}T_{hg}^2 + 2.1{,}74865167.10^{-5}T_{hg} - 4{,}210451507849.10^{-3}).(c_{p,hg} + \omega_{hg}1{,}82.10^3) \tag{6.38}$$

$$\frac{dq_{hava}}{dT_{hç}} = -A.u_{ort}(5.3{,}21.10^{-13}.T_{hç}^4 + 4.2{,}91164.10^{-10}T_{hç}^3 - 3.9{,}4326796.10^{-8}T_{hç}^2 + 2.1{,}74865167.10^{-5}T_{hç} - 4{,}210451507849.10^{-3}).(c_{p,hç} + \omega_{hç}1{,}82.10^3) \tag{6.39}$$

Hava tarafı ısı geçişinin havanın hızına ve kanalın alanına göre türevi alınırsa aşağıdaki bağıntılar elde edilir.

$$\frac{dq_{hava}}{dA_{kanal}} = \rho_{hava}.u_{ort} \qquad (6.40)$$

$$\frac{dq_{hava}}{du_{ort}} = \rho_{hava}.A_{kanal} \qquad (6.41)$$

6.5. Soğutucu Akışkan Tarafındaki Isı Geçişi için Belirsizlik Değerinin Bulunması

Soğutucu akışkanın evaporatöre giriş ve çıkıştaki entalpileri daha önce aşağıdaki bağıntılar ile verildi.

$$q_{soğ} = \dot{m}_{soğ}(i_{sç} - i_{sg}) \qquad (5.25)$$

$$i_{sg} = (753{,}06.10^{-8}.T_{sg}^{\ 3} + 14{,}124.10^{-4}.T_{sg}^{\ 2} + 1{,}1723.T_{sg} + 199{,}99).10^{3} \qquad (5.26)$$

$$i_{sç} = (-110{,}95.10^{-7}.T_{sç}^{\ 3} - 17{,}761.10^{4}T_{sç}^{\ 2} + 0{,}36939.T_{sç} + 405{,}06).10^{3} \qquad (5.27)$$

Soğutucu akışkan tarafındaki ısı geçişi için belirsizlik değeri aşağıdaki bağıntılar ile bulunabilir.

$$W_{qsoğ} = [(\frac{dq_{soğ}}{d\dot{m}_{soğ}}W_{msoğ})^{2} + (\frac{dq_{soğ}}{dT_{sg}}W_{Tri})^{2} + (\frac{dq_{soğ}}{dT_{sç}}W_{Tsç})^{2}]^{1/2} \qquad (6.42)$$

Burada $W_{qsoğ}$, $q_{soğ}$ büyüklüğünün hata miktarıdır ve her bir bağımsız değişkene ait hata oranları $W_{msoğ}$=%1 ve $W_{Tsç}$ -W_{Tsg}=%2 olarak alındı (Çizelge 6.1).

Toplam hata miktarı (6.43) bağıntısı ile bulundu.

$$\%hata_{qsoğ} = 100.\frac{W_{qsoğ}}{q_{soğo}} \tag{6.43}$$

Soğutucu akışkan tarafındaki ısı geçişinin bağımsız değişkenlerine ait hata oranları, aşağıdaki bağıntılar ile bulunur.

Soğutucu akışkan tarafındaki ısı geçişinin soğutucu debisine göre türevi alınırsa aşağıdaki bağıntı elde edilir.

$$\frac{dq_{soğ}}{d\dot{m}_{soğ}} = \left(i_{sç} - i_{sg}\right) \tag{6.44}$$

Soğutucu akışkan tarafındaki ısı geçişinin, soğutucunun giriş ve çıkış sıcaklıklarına göre türevi alınırsa (6.45) ve (6.46) bağıntıları elde edilir.

$$\frac{dq_{soğ}}{dT_{sg}} = \left(3.753,06.10^{-8}T_{sg}^{2} + 2.14,124.10^{-4}T_{sg} + 1,1723\right)\dot{m}_{soğ}.10^{3} \tag{6.45}$$

$$\frac{dq_{soğ}}{dT_{sç}} = \left(3.753,06.10^{-8}T_{sç}^{2} + 2.14,124.10^{-4}T_{sç} + 1,1723\right)\dot{m}_{soğ}.10^{3} \tag{6.46}$$

6.6. Evaporatörün Isıl Kapasitesi için Belirsizlik Değerinin Bulunması

Evaporatörün ısıl kapasitesi daha önce (5.28) bağıntısı ile verildi.

$$q_{ort} = \frac{q_{hava} + q_{soğ}}{2} \tag{5.28}$$

Evaporatörün ısıl kapasitesi için belirsizlik değeri aşağıdaki bağıntılar ile bulunabilir.

$$W_{qort} = [(\frac{dq_{ort}}{dq_{hava}} W_{qhava})^2 + (\frac{dq_{ort}}{dq_{soğ}} W_{qsoğ})^2]^{1/2} \tag{6.47}$$

Burada W_{qort}, q_{ort} büyüklüğünün hata miktarıdır ve her bir bağımsız değişkene ait hata oranları W_{qa}, W_{qr} ise; toplam hata miktarı (6.48) bağıntısı ile bulunur.

$$\%hata_{qort} = 100.\frac{W_{qort}}{q_{ort}} \tag{6.48}$$

Evaporatörün ısıl kapasitesinin bağımsız değişkenlerine ait hata oranları, aşağıdaki bağıntılar ile bulunur.

Evaporatörün ısıl kapasitesinin hava tarafı ve soğutucu tarafı ısı geçişlerine göre türevi alınırsa (6.49) ve (6.50) bağıntıları elde edilir.

$$\frac{dq_{ort}}{dq_{hava}} = 0{,}5 \tag{6.49}$$

$$\frac{dq_{ort}}{dq_{soğ}} = 0{,}5 \tag{6.50}$$

6.7. Logaritmik Ortalama Sıcaklık Farkı için Belirsizlik Değerinin Bulunması

Logaritmik ortalama sıcaklık farkı daha önce (5.24) bağıntısı ile verildi.

$$\Delta T_m = \frac{(T_{hg} - T_{sç}) - (T_{hç} - T_{sg})}{\ln\left(\frac{(T_{hg} - T_{sç})}{(T_{hç} - T_{sg})}\right)} \qquad (5.24)$$

Logaritmik ortalama sıcaklık farkı için belirsizlik değeri aşağıdaki bağıntılar ile bulunabilir.

$$W_{\Delta Tm} = [(\frac{d\Delta T_m}{dT_{hg}} W_{Thg})^2 + (\frac{d\Delta T_m}{dT_{hç}} W_{Tao})^2 + (\frac{d\Delta T_m}{dT_{sg}} W_{Tsg})^2 + (\frac{d\Delta T_m}{dT_{sç}} W_{Tsç})^2]^{1/2} \qquad (6.51)$$

Burada $W_{\Delta Tm}$, ΔT_m büyüklüğünün hata miktarı ve her bir bağımsız değişkene ait hata oranları W_{Thg}, $W_{Thç}$, W_{Tsg} ve $W_{Tsç}$ (Çizelge 6.1), ise; toplam hata miktarı (6.52) bağıntısı ile bulunur.

$$\%hata_{\Delta Tm} = 100.\frac{W_{\Delta Tm}}{\Delta T_m} \qquad (6.52)$$

Logaritmik ortalama sıcaklık farkının bağımsız değişkenlerine ait hata oranları, aşağıdaki bağıntılar ile bulunur.

Logaritmik ortalama sıcaklık farkının hava giriş ve çıkış sıcaklıklarına göre türevi alınırsa (6.53) ve (6.54) bağıntıları elde edilir.

$$\frac{d\Delta T_m}{dT_{hg}} = \begin{pmatrix} \ln[(T_{hg}-T_{sç})/(T_{hç}-T_{sg})] - [(T_{hg}-T_{sç})-(T_{hç}-T_{sg})] \\ (T_{hç}-T_{sg})^{-1}[(T_{hg}-T_{sç})/(T_{hç}-T_{sg})]^{-1} \end{pmatrix}$$
$$.(\ln[(T_{hg}-T_{sç})/(T_{hç}-T_{sg})])^{-2} \qquad (6.53)$$

$$\frac{d\Delta T_m}{dT_{hç}} = \begin{pmatrix} -\ln[(T_{hg}-T_{sç})/(T_{hç}-T_{sg})] - [(T_{hg}-T_{sç})-(T_{hç}-T_{sg})] \\ (T_{hg}-T_{sç}).-(T_{hç}-T_{sg})^{-2}[(T_{hg}-T_{sç})/(T_{hç}-T_{sg})]^{-1} \end{pmatrix}$$
$$.(\ln[(T_{hg}-T_{sç})/(T_{hç}-T_{sg})])^{-2} \qquad (6.54)$$

Logaritmik ortalama sıcaklık farkının soğutucu akışkan giriş ve çıkış sıcaklıklarına göre türevi alınırsa (6.55) ve (6.56) bağıntıları elde edilir.

$$\frac{d\Delta T_m}{dT_{sg}} = \begin{pmatrix} \ln[(T_{hg}-T_{sç})/(T_{hç}-T_{sg})] - [(T_{hg}-T_{sç})-(T_{hç}-T_{sg})] \\ (T_{hg}-T_{sç})(T_{hç}-T_{sg})^{-2}[(T_{hg}-T_{sç})/(T_{hç}-T_{sg})]^{-1} \end{pmatrix}$$
$$.(\ln[(T_{hg}-T_{sç})/(T_{hç}-T_{sg})])^{-2} \qquad (6.55)$$

$$\frac{d\Delta T_m}{dT_{sç}} = \begin{pmatrix} -\ln[(T_{hg}-T_{sç})/(T_{hç}-T_{sg})] - [(T_{hg}-T_{sç})-(T_{hç}-T_{sg})] \\ -(T_{hç}-T_{sg})^{-1}[(T_{hg}-T_{sç})/(T_{hç}-T_{sg})]^{-1} \end{pmatrix}$$
$$.(\ln[(T_{hg}-T_{sç})/(T_{hç}-T_{sg})])^{-2} \qquad (6.56)$$

6.8. Evaporatörün Toplam Isıl Geçirgenliği için Belirsizlik Değerinin Bulunması

Evaporatörün toplam ısıl geçirgenliği daha önce (5.30) bağıntısı ile verildi.

$$UA = \frac{q_{ort}}{\Delta T_m} \quad (5.30)$$

Evaporatörün toplam ısıl geçirgenliği için belirsizlik değeri aşağıdaki bağıntılar ile bulunabilir.

$$W_{UA} = [(\frac{dUA}{dq_{ort}} W_{qort})^2 + (\frac{dUA}{d\Delta T_m} W_{\Delta Tm})^2]^{1/2} \quad (6.57)$$

Burada W_{UA}, UA büyüklüğünün hata miktarıdır ve her bir bağımsız değişkene ait hata oranları W_{qort} ve $W_{\Delta Tm}$; ise W_{UA}; toplam hata miktarı (6.58) bağıntısı ile bulunur.

$$\%hata_{UA} = 100.\frac{W_{UA}}{UA} \quad (6.58)$$

Evaporatörün toplam ısıl geçirgenliğinin bağımsız değişkenlerine ait hata oranları, aşağıdaki bağıntılar ile bulunur.

Evaporatörün toplam ısıl geçirgenliğinin, evaporatörün ısıl kapasitesi ve logaritmik ortalama sıcaklık farkına göre türevi alınırsa (6.59) ve (6.60) bağıntıları elde edilir.

$$\frac{dUA}{dq_{ort}} = \frac{1}{\Delta T_m} \quad (6.59)$$

$$\frac{dUA}{d\Delta T_m} = -\frac{q_{ort}}{\Delta T_m^2} \quad (6.60)$$

Hata analizinde belirtilen değerlerin hata miktarları Çizelge 6.3'de verildi.

Çizelge 6.3. Hata analizinde belirtilen değerlerin hata miktarları

	W_{hd} %	W_{Rkanal} %	$W_{(UA)kanal}$ %	W_{qhava} %	$W_{qsoğ}$ %	W_{qort} %	$W_{\Delta Tm}$ %	W_{UA} %
1. Deney	1,23	0,75	0,75	5,12	1,67	2,54	13,83	2,74
2. Deney	1,21	0,74	0,74	4,24	1,67	2,36	15,16	2,67
3. Deney	1,25	0,76	0,76	6,08	1,67	2,69	14,86	2,97
4. Deney	1,23	0,75	0,75	4,85	1,67	2,48	13,73	2,68
5. Deney	1,16	0,71	0,71	2,51	1,67	1,50	14,97	1,94
6. Deney	1,16	0,71	0,71	1,97	1,66	1,30	14,91	1,80

7. ARAŞTIRMA SONUÇLARI VE TARTIŞMA

Teorik olarak verilen çalışmada, karlanma şartları altında hava sıcaklığının ve bağıl nemin kanatlı borulu evaporatörün toplam ısıl geçirgenliğine (UA) olan etkisi incelendi. Deneysel çalışmada ise elde edilen sonuçların öngörülen sayısal modelden elde edilen sonuçlarla uyum sağlayıp sağlamadığı araştırıldı.

Şekil 7.1'de öngörülen sayısal model ile deneysel çalışmanın farklı sıcaklıklara ve Şekil 7.6'da ise farklı bağıl nemlere bağlı olarak zamana göre değişimlerinin bir karşılaştırılması verildi.

Şekil 7.1'de görüldüğü gibi T_{hg}=10°C için UA değerinin, T_{hg}=8°C ve T_{hg}=12°C sıcaklıklara göre daha fazla olduğu görülmektedir. Bunun nedeni, T_{hg}=10°C'deki hava hızının, T_{hg}=8°C ve T_{hg}=12°C sıcaklıklara göre daha fazla olmasıdır. T_{hg}=8°C ve T_{hg}=12°C'deki hava hızları birbirine çok yakındır, fakat T_{hg}= 8°C'deki bağıl nem, T_{hg}= 12°C'deki bağıl nemden daha fazla olması nedeniyle, T_{hg}= 8°C'deki UA değeri daha düşüktür (Şekil 7.1. (a)). Aynı şekil üzerinde (Şekil 7.1. (b)) deneysel sonuçlar sayısal sonuçlar ile karşılaştırıldığı zaman bir uyum içinde olduğu açıkça gözlenebilir. Sadece sıcaklık değerlerinin yükselmesi ile çok küçük bir zaman dilimi içinde az bir sapmanın olduğu fakat, daha sonra deneysel ve sayısal çalışmanın uyum içinde devam ettiği görülmektedir. Başlangıçtaki bu sapma, ölçüm hatalarından olabileceği gibi henüz kar tabakasının oluşmamasından kaynaklanabilir.

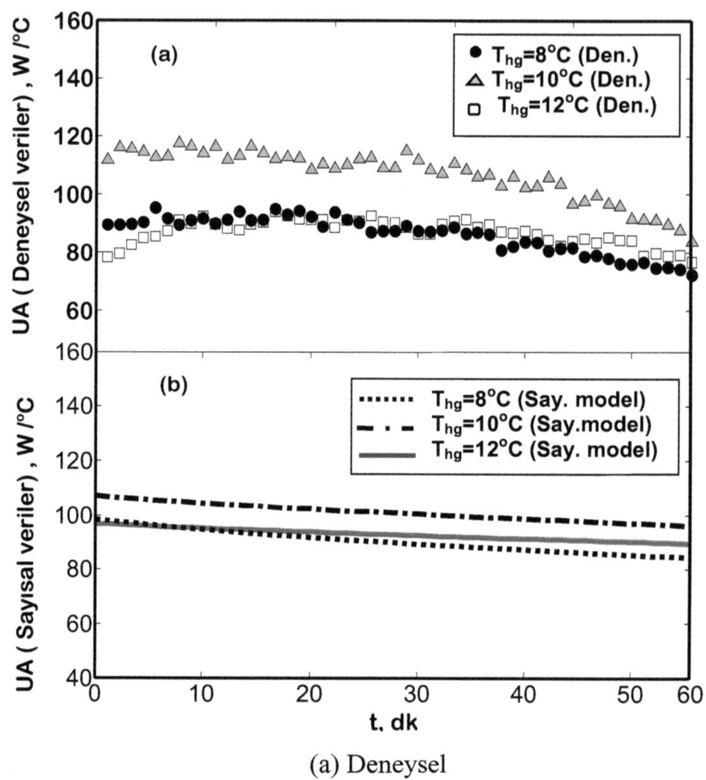

(a) Deneysel
(b) Matematik model

Şekil 7.1. T_{hg}=12°C, Φ=%62, u_{hava}=1.125m/s; T_{hg}=10°C, Φ=%70, u_{hava}=1.3m/s; T_{hg}=8°C, Φ=%71,u_{hava}=1.1625m/s için toplam ısıl geçirgenliğinin zamana göre değişimi

Şekil 7.1'in farklı gösteriş biçimleri; Şekil 7.2, Şekil 7.3, Şekil 7.4 ve Şekil 7.5'de gösterildi.

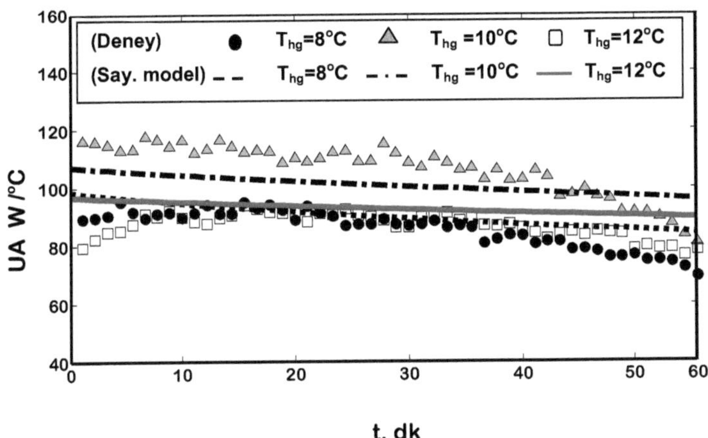

Şekil 7.2. T_{hg}=12°C, Φ=%62, u_{hava}=1.125m/s; T_{hg}=10°C, Φ=%70, u_{hava}=1.3m/s; T_{hg}=8°C, Φ=%71,u_{hava}=1.1625m/s için toplam ısıl geçirgenliğinin zamana göre değişimi

Şekil 7.3 ve Şekil 7.4'de görüldüğü gibi sırasıyla T_{hg}=8°C Φ=%71,u_{hava}=1.1625m/s ve T_{hg}=12°C, Φ=%62, u_{hava}=1.125m/s için toplam ısıl geçirgenliğinin zamana göre değişimi deneysel ve sayısal olarak incelendi. Deneysel ve sayısal modelden elde edilen verilerin ufak sapmalar dışında uyum içinde olduğu görüldü. Deneysel çalışmadan elde edilen UA değerlerinin sayısal modelden elde edilen UA değerlerine göre daha düşük olduğu görülmektedir. Bu durum deneysel çalışmada, test bölgesindeki ısı kazancından kaynaklanabileceği gibi soğutma çevriminde boru içindeki sürtünmeden kaynaklanan basınç kayıplarından da olabilir.

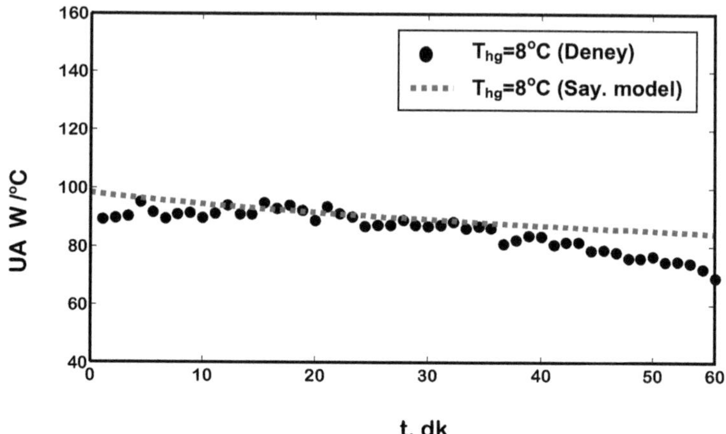

Şekil 7.3. T_{hg}=8°C, Φ=%71,u_{hava}=1.1625m/s için toplam ısıl geçirgenliğinin zamana göre değişimi

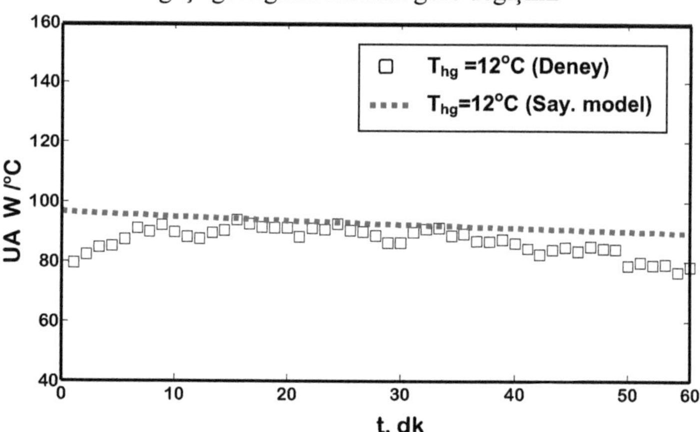

Şekil 7.4. T_{hg}=12°C, Φ=%62, u_{hava}=1.125m/s için toplam ısıl geçirgenliğinin zamana göre değişimi

Şekil 7.5'de görüldüğü gibi T_{hg}=10°C, Φ=%70, u_{hava}=1.3m/s için toplam ısıl geçirgenliğinin zamana göre değişimi deneysel ve sayısal olarak incelendi. Deneysel ve sayısal modelden elde edilen verilerin ufak sapmalar dışında uyum içinde olduğu görüldü. Deneysel çalışmadan elde edilen UA değerlerinin sayısal modelden elde edilen UA değerlerine göre daha yüksek olduğu görülmektedir. Bu durum T_{hg}=10°C için kar tabakasının deneysel çalışmada, sayısal çalışmaya göre daha yavaş oluşmasından kaynaklanmaktadır.

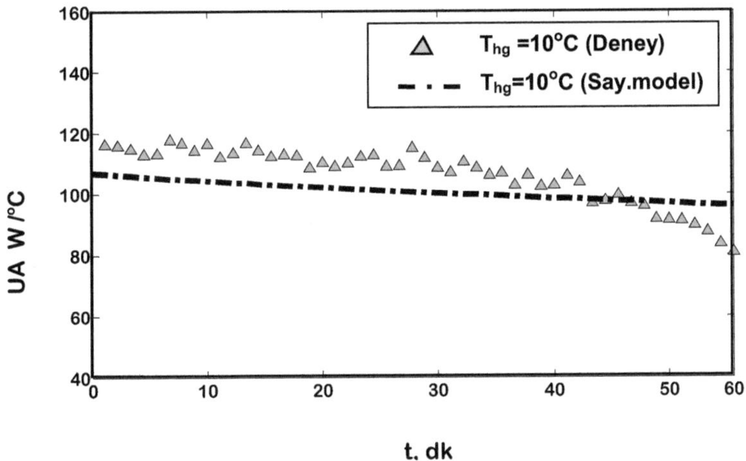

Şekil 7.5. T_{hg}=10°C, Φ=%70, u_{hava}=1.3m/s için toplam ısıl geçirgenliğinin zamana göre değişimi

Şekil 7.6'de 8°C hava giriş sıcaklığında %50, %55 ve %70 bağıl nemler için UA değerinin değişimi incelendi. Bağıl nem arttıkça UA değerinin düştüğü görüldü. Nem miktarının artması kar kalınlığını da arttırır ve UA değerinin düşmesine neden olur. Şekil 7.6 incelendiğinde ilk 30 dk için UA değerlerinin arttığı gözlenir. Bunun nedeni silindirik yüzey nedeniyle yüzey üzerinde oluşan kar tabakasının yüzey alanını arttırmasıdır. Belli bir zaman diliminin sonunda kar tabakasının oluşturduğu ısıl direnç etkili olacağından UA değeri azalmaya başlamaktadır. Bu zaman diliminden sonra deneysel çalışma ve sayısal çalışma uyum içerisinde devam eder. Sayısal çalışmada toplam ısıl geçirgenlik hesaplanırken kanatlar dahil bütün evaporatör yüzeyi dikkate alındığı için silindirik yüzeyden kaynaklanan bu yükselme sayısal modelden elde edilen sonuçlarda görülmemektedir.

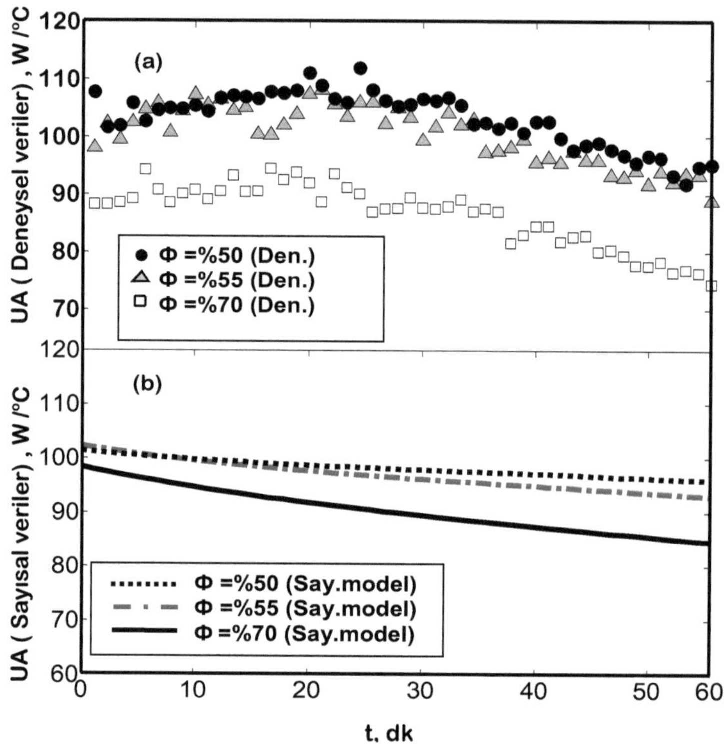

(a) Deneysel
(b) Sayısal model

Şekil 7 6. T_{hg}=8°C, Φ=%71, u_{hava}=1.125m/s; T_{hg}=8°C, Φ=%55, u_{hava}=1.1875m/s; T_{hg}=8°C, Φ=%50, u_{hava}=1.2875m/s için toplam ısıl geçirgenliğinin zamana göre değişimi

Şekil 7.6'nın farklı gösteriş biçimleri; Şekil 7.7, Şekil 7.8, Şekil 7.9 ve Şekil 7.10'da gösterildi.

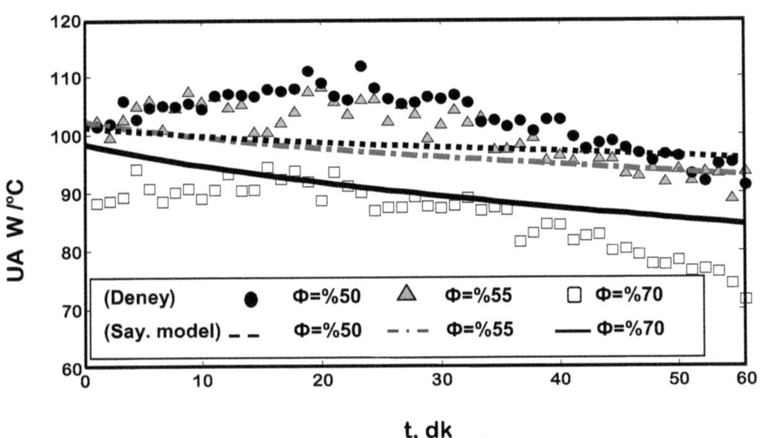

Şekil 7 7. T_{hg}=8°C, Φ=%71, u_{hava}=1.125m/s; T_{hg}=8°C, Φ=%55, u_{hava}=1.1875m/s; T_{hg}=8°C, Φ=%50, u_{hava}=1.2875m/s için toplam ısıl geçirgenliğinin zamana göre değişimi

Şekil 7.8 ve Şekil 7.9'da görüldüğü gibi sırasıyla T_{hg}=8°C, Φ=%50, u_{hava}=1.2875m/s ve T_{hg}=8°C, Φ=%55, u_{hava}=1.1875m/s için toplam ısıl geçirgenliğinin zamana göre değişimi deneysel ve sayısal olarak incelendi. Bağıl nemin değişimi esas alınarak, deneysel ve sayısal modelden elde edilen verilerdeki sapmaların; hava giriş sıcaklığı esas alınarak, deneysel ve sayısal modelden elde edilen verilerdeki sapmalara göre daha fazla olduğu görüldü. Bu durum havadaki nem artışının kar tabakası oluşumunda daha etkili olduğunu ortaya koymaktadır. Deneysel çalışmadan elde edilen UA değerlerinin sayısal modelden elde edilen UA değerlerine göre daha yüksek olduğu görülmektedir. Bu durum kar tabakasının deneysel çalışmada, sayısal çalışmaya göre daha yavaş oluşmasından kaynaklanmaktadır.

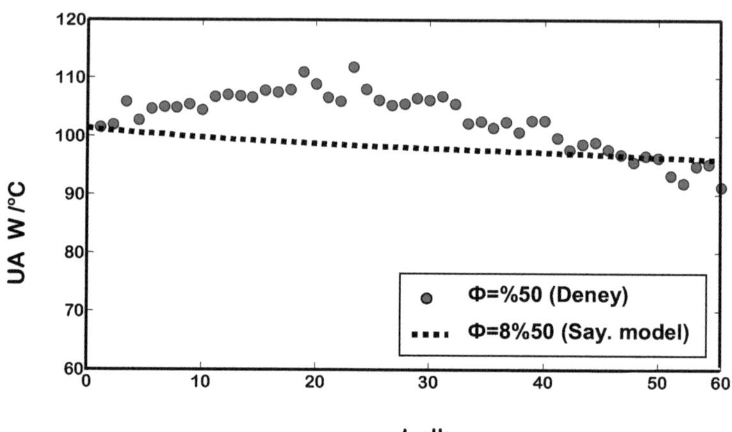

Şekil 7 8. T_{hg}=8°C, Φ=%50, u_{hava}=1.2875m/s için toplam ısıl geçirgenliğinin zamana göre değişimi

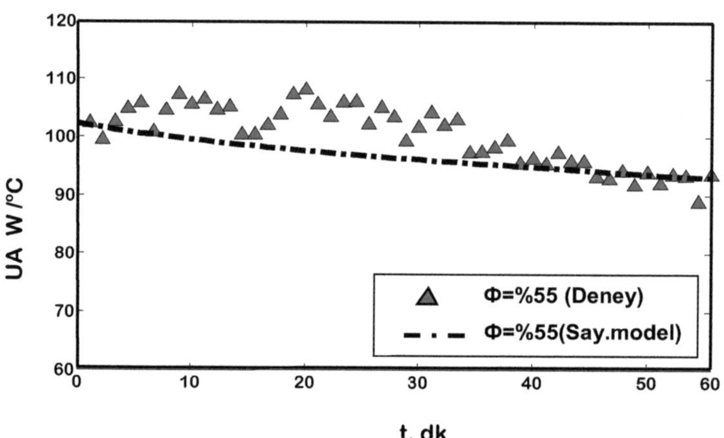

Şekil 7 9. T_{hg}=8°C, Φ=%55, u_{hava}=1.1875m/s için toplam ısıl geçirgenliğinin zamana göre değişimi

Şekil 7.10'da görüldüğü gibi T_{hg}=8°C, Φ=%70, u_{hava}=1.125m/s için toplam ısıl geçirgenliğinin zamana göre değişimi deneysel ve sayısal olarak incelendi. Deneysel ve sayısal modelden elde edilen verilerin ufak sapmalar dışında uyum içinde olduğu görüldü. Deneysel çalışmadan elde edilen UA değerlerinin sayısal modelden elde edilen UA değerlerine göre daha düşük olduğu görülmektedir. Bu durum deneysel çalışmada, test bölgesindeki ısı kazancından kaynaklanabileceği gibi soğutma çevriminde boru içindeki sürtünmeden kaynaklanan basınç kayıplarından da olabilir. Şekil 7.8, Şekil 7.9 ve Şekil 7.10 incelendiği zaman havanın bağıl nemi arttıkça deneysel ve sayısal çalışmaların birbiriyle daha uyumlu olduğu görülmektedir. Bunun sebebi deneysel çalışmadaki kar tabakası oluşum hızının, havadaki nem arttıkça sayısal modeldekine yaklaşmasından kaynaklanmaktadır.

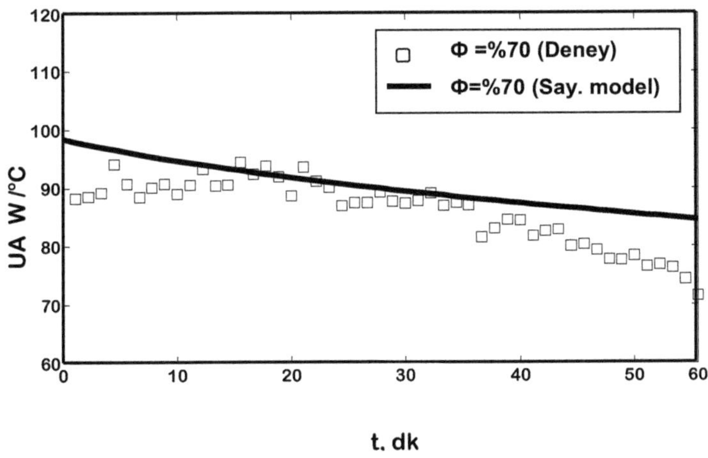

Şekil 7 10. T_{hg}=8°C, Φ=%70, u_{hava}=1.125m/s için toplam ısıl geçirgenliğinin zamana göre değişimi

Yukarıda Şekil 7.1 ve 7.6'da verilen grafiklerde görüldüğü gibi sayısal model ile deneysel çalışmaların bir uyum içinde olduğu görülür. Bu durum öngörülen sayısal modelin doğruluğunu açıkça ortaya koymaktadır. Aşağıda farklı hava koşullarında UA değerlerinin, kar kalınlığının ve hava tarafındaki basınç düşümünün zamana göre değişimleri sayısal olarak incelendi

Karlanma şartlarında bağıl nemin, hava sıcaklığının ve hava hızının kanatlı borulu evaporatörün toplam ısıl geçirgenliğine, hava tarafındaki basınç düşümüne ve kar kalınlığına olan etkisi sayısal olarak incelendi ve Şekil 7.3-7.11'de sunuldu.

7.1 Hava Giriş Sıcaklığının UA' nın, Kar Kalınlığına ve Hava Tarafındaki Basınç Düşümüne Etkisi

Sayısal modelde, hava sıcaklığının etkisini görmek için toplam ısıl geçirgenliğin, basınç düşümünün ve kar kalınlığının zamana göre değişimi Şekil 7.11-7.13'de sunuldu. Hava giriş sıcaklığı azaldıkça, toplam ısıl geçirgenlik artmaktadır (Şekil 7.11). Aynı bağıl nemde hava sıcaklığı arttıkça havadaki nem miktarı da artar. Havadaki nemin artması, kar kalınlığının arttırırken, toplam ısıl geçirgenliğinin düşmesine neden olur. Bu sonuçlar Yan ve ark.(2003). ile uyumludur. Toplam ısıl geçirgenliğinin zamanla azaldığı görüldü bu durum Lenic ve ark. (2009) ile uyumludur. Kar kalınlığı ve hava tarafındaki basınç düşümü sıcaklık arttıkça artmaktadır. Kar kalınlığının artışının hava tarafındaki basınç düşümünü arttırması beklenen bir sonuçtur. Bu sonuç Yan ve ark.(2003) ile uyumludur (Şekil 7.12 ve 7.13).

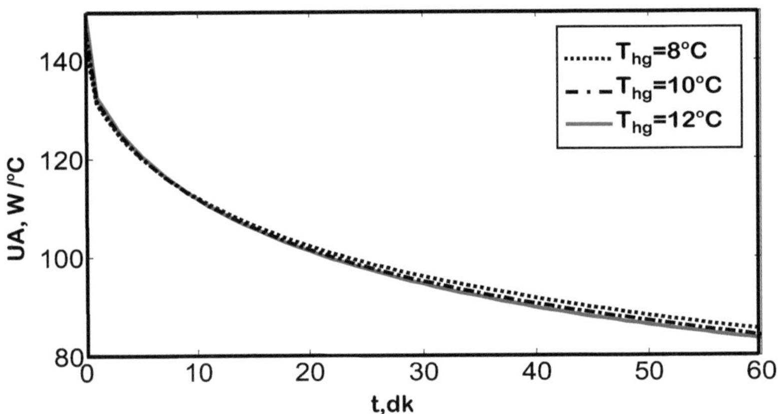

Şekil 7.11. Φ=%70,u_{hava}=1.5m/s için farklı sıcaklıklardaki toplam ısıl geçirgenliğinin zamana göre değişimi

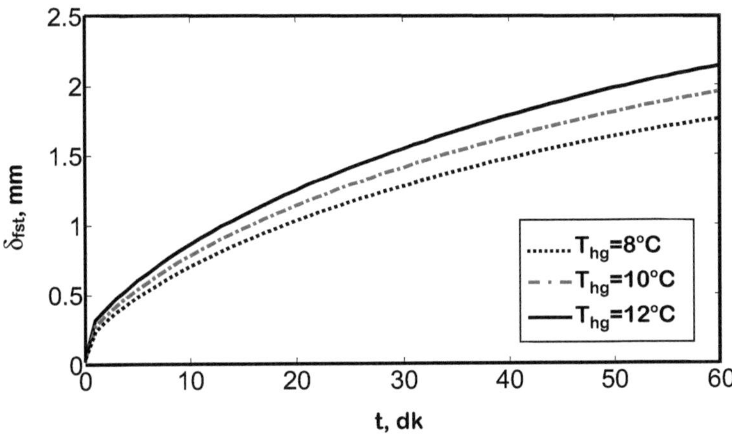

Şekil 7.12. Φ=%70,u_{hava}=1.5m/s için farklı sıcaklıklarda kar kalınlığının zamana göre değişimi

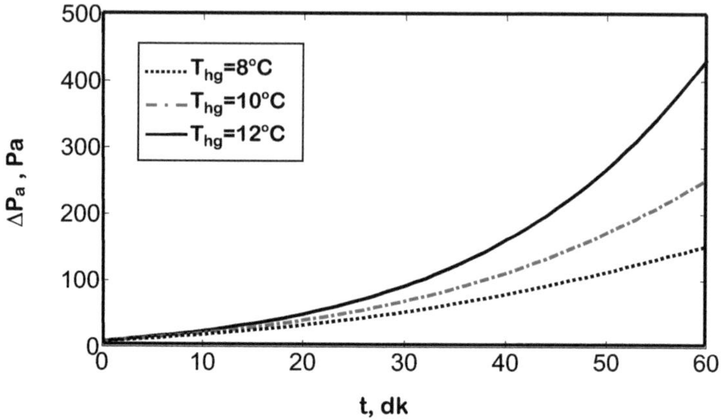

Şekil 7.13. Φ=%70,u_{hava}=1.5m/s için farklı sıcaklıklarda hava tarafındaki basınç farkının zamana göre değişimi

Şekil 7.14'de Lenic ve ark.(2009),. yapmış oldukları çalışmada, hava sıcaklığının kar kalınlığına etkisini göstermektedir. Görüldüğü gibi hava sıcaklığı arttıkça kar kalınlığı artmaktadır. Bu sonuç Şekil 7.12 ile uyumludur.

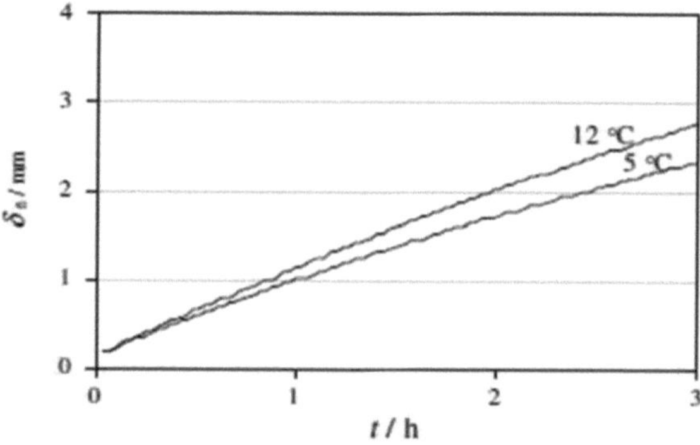

Şekil 7.14. Farklı hava giriş sıcaklıklarının kar kalınlığına etkisi (Lenic ve ark, 2009).

Şekil 7.15'de Yan ve ark.nın (2003), .kanatlı boru evaporatörün karlanma şartlarını incelemek için yapmış oldukları deneysel çalışmadan elde ettikleri sonuçlar görülmektedir. İlk 60 dakika için sayısal modelden elde edilen sonuçlar, Şekil 7.15'de verilen grafikler ile uyum içindedir.

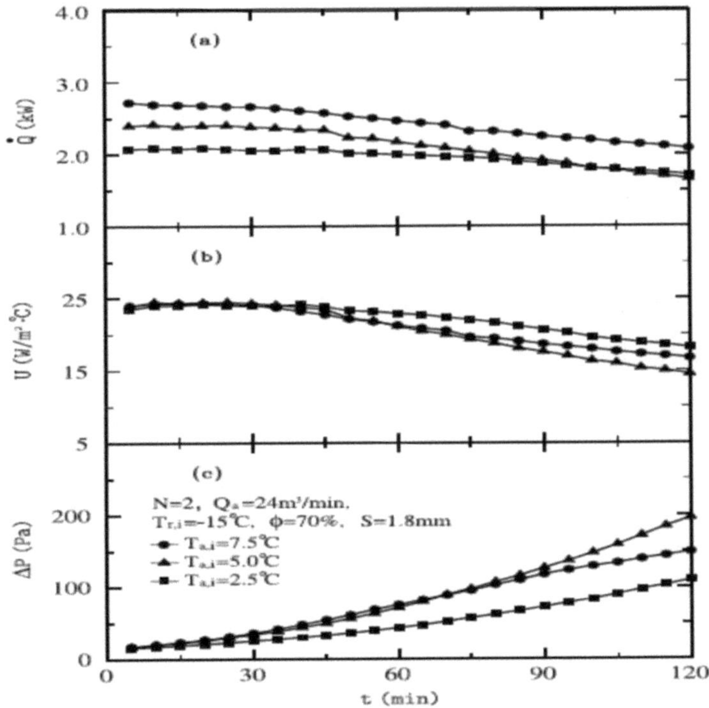

Şekil 7.15. Farklı hava giriş sıcaklıklarının ısı transferine, toplam ısı transfer katsayınsa ve basınç düşümüne etkisi (Yan ve ark, 2003)

7.2.Bağıl Nemin UA'ya, Kar Kalınlığına ve Hava Tarafındaki Basınç Düşümüne Etkisi.

Matematiksel modelde %60, %70 ve %80 bağıl nemlerde, UA'nın, kar kalınlığının ve hava tarafındaki basınç düşümünün zamana göre değişimleri incelendi ve Şekil 7.16-7.18'de sunuldu.

Şekil 7.16' da görüldüğü gibi bağıl nem arttıkça toplam ısıl geçirgenlik azalmaktadır. Bu sonuç Yan ve ark. (2003), Kondepudi ve O'Neal (1993) ile uyumludur. Bağıl nemin artması havadaki nem miktarını da arttırır ve bu durum kar kalınlığının arttırmasına neden olur (Şekil 7.17). Kar kalınlığının artması havanın geçtiği kesiti daraltmaktadır. Kesitin daralması hava tarafındaki basınç düşümünü arttırmaktadır (Şekil 7.18). Bu sonuçlar Seker ve ark. (2004), Yan ve ark. (2003), Kondepudi ve O'Neal, (1993).ile uyumludur.

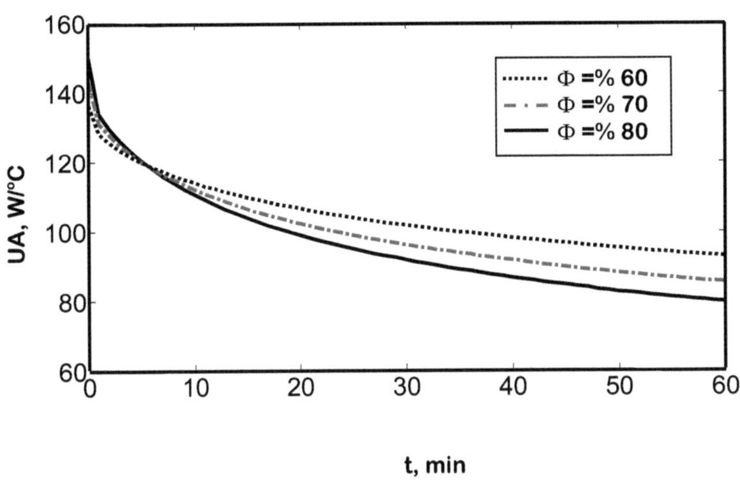

Şekil 7.16. T_{hg}=8°C,u_{hava}=1.5m/s için farklı bağıl nemlerde toplam ısıl geçirgenliğinin zamana göre değişimi

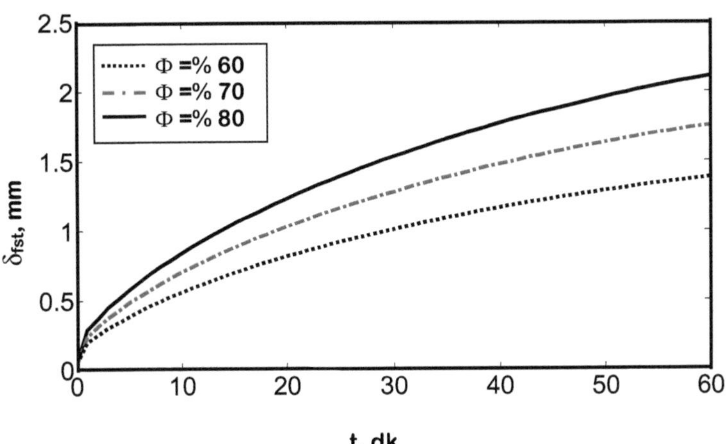

Şekil 7.17. T_{hg}=8°C,$u_{a,i}$=1.5m/s için farklı bağıl nemlerde kar kalınlığının zamana göre değişimi

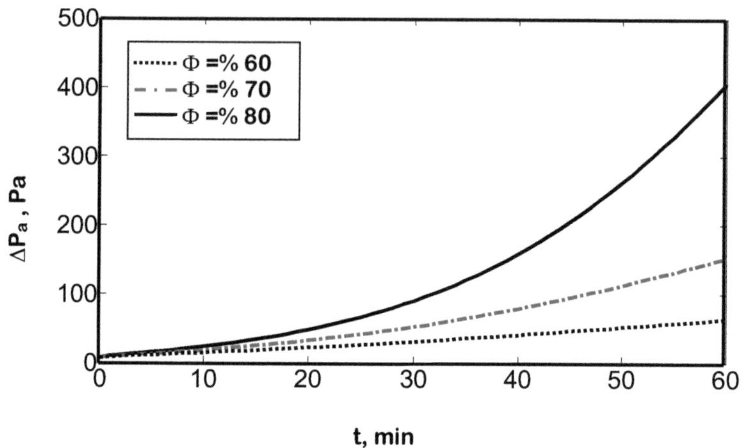

Şekil 7.18. T_{hg}=8°C,u_{hava}=1.5m/s için farklı bağıl nemlerde hava tarafındaki basınç farkının zamana göre değişimi

Şekil 7.19'da Seker ve ark.(2004),. yapmış oldukları çalışmada, havadaki bağıl nemin, kar kalınlığına etkisini göstermektedir. Görüldüğü gibi bağıl nem arttıkça kar kalınlığı artmaktadır. Bu sonuç Şekil 7.17 ile uyumludur.

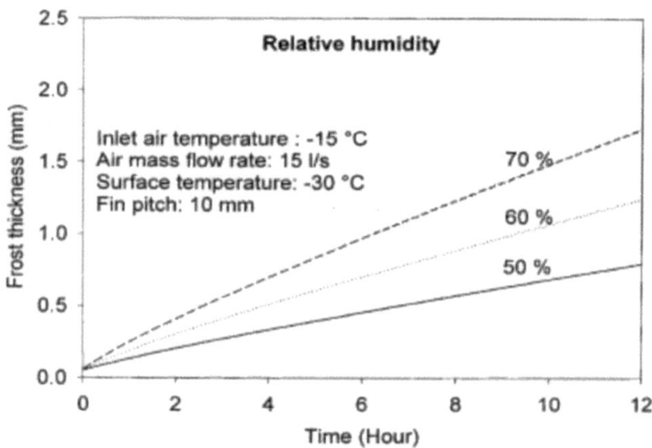

Şekil 7.19. Farklı bağıl nem değerlerinin kar kalınlığına etkisi (Seker ve ark, 2004)

Şekil 7.20'de Yan ve ark.nın (2003)., kanatlı boru evaporatörün karlanma şartlarını incelemek için yapmış oldukları deneysel çalışmadan elde ettikleri sonuçlar görülmektedir. Sayısal modelden elde edilen sonuçlar, Şekil 7.20'de verilen grafikler ile uyum içindedir.

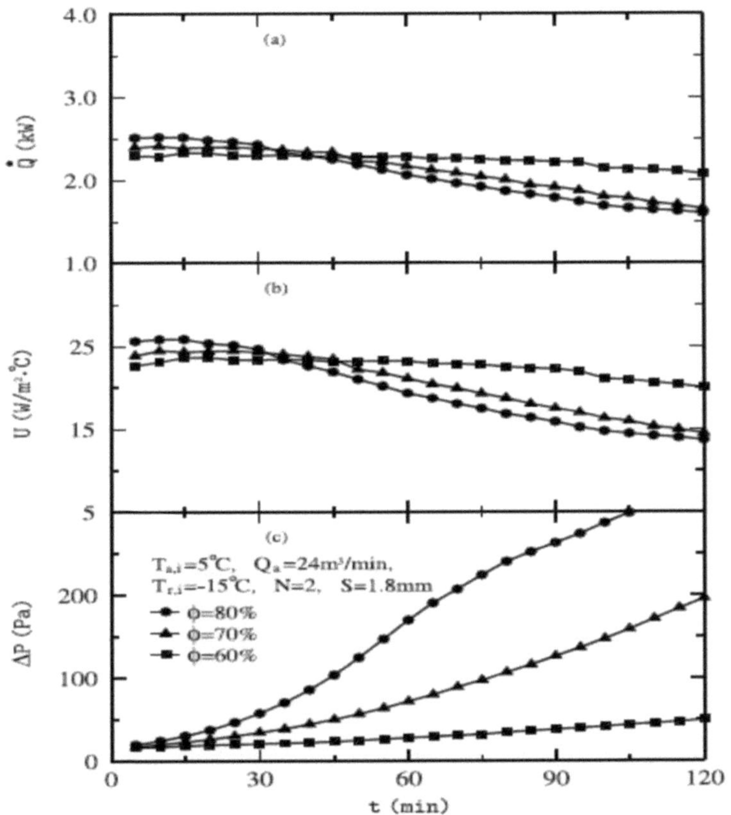

Şekil 7.20. Farklı bağıl nem değerlerinin ısı transferine, toplam ısı transfer katsayınsa ve basınç düşümüne etkisi (Yan ve ark, 2003)

7.3. Hava Hızının UA'ya , Kar Kalınlığına ve Hava Tarafındaki Basınç Düşümüne Etkisi

Hava hızının UA'ya, kar kalınlığına ve hava tarafındaki basınç düşümüne etkisini görebilmek için üç farklı hava hızında (u_{hava}=0,7; 1; 1,3 m/s) inceleme yapıldı (Şekil 7.21-7.23) .

Bu çalışmada, hava hızı arttıkça toplam ısıl geçirgenliğin ve basınç düşümünün arttığı görüldü (Şekil 7.21 ve Şekil 7.23). Bu sonuçlar Seker ve ark. (2004), Yan ve ark. (2003) ile uyumludur. Hava hızındaki değişimin kar kalınlığına etkisinin ihmal edilebilir derecede olduğu görüldü. (Şekil 7.22). Bu sonuç Hermes ve ark. (2009).ile uyumludur.

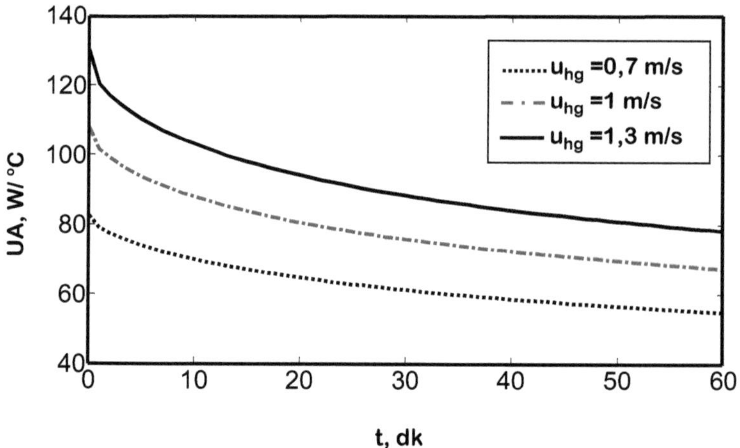

Şekil 7.21. T_{hg}=8°C, Φ=%70 için farklı hava hızlarında toplam ısıl geçirgenliğinin zamana göre değişimi

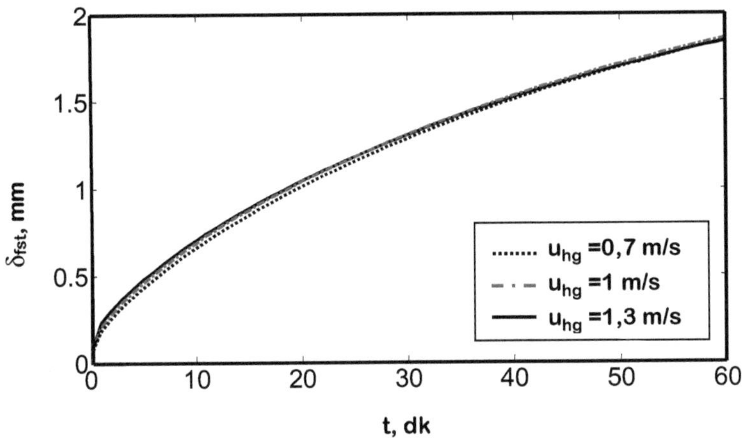

Şekil 7.22. T_{hg}=8°C, Φ=%70 için farklı hava hızlarında kar kalınlığının zamana göre değişimi

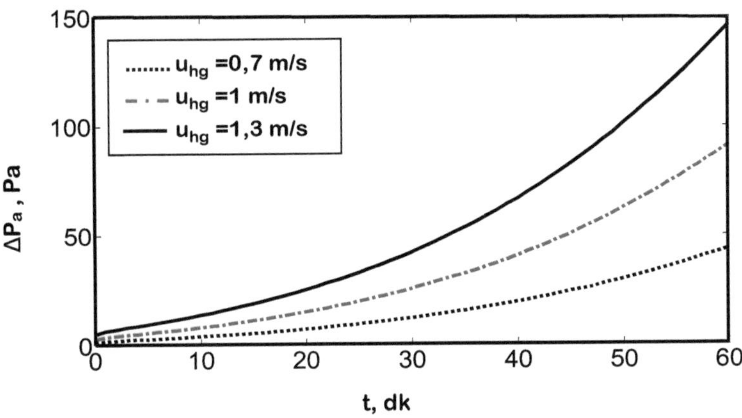

Şekil 7.23. T_{hg}=8°C, Φ=%70 için farklı hava hızlarında hava tarafındaki basınç farkının zamana göre değişimi

Şekil 7.24'de Hermes ve ark. (2009), yapmış oldukları çalışmada, havadaki hızın, kar kalınlığına etkisini göstermektedir. Görüldüğü gibi hava hızındaki değişimin kar kalınlığına etkisinin ihmal edilebilir derecededir. Bu durum hava hızındaki artışın öncelikle kar yoğunluğunu arttıran kütle miktarını etkilediğini ortaya koymaktadır. Bu sonuç, Şekil 7.22 ile uyumludur.

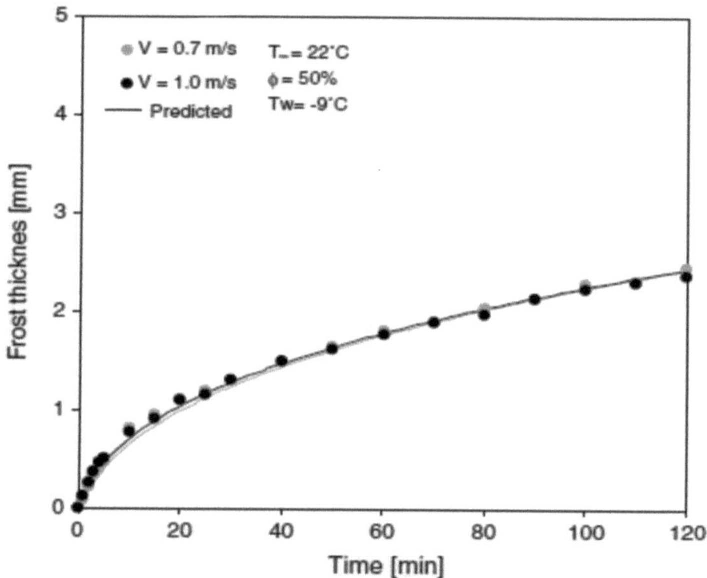

Şekil 7.24. Farklı hava hızlarının kar kalınlığına etkisi (Hermes ve ark, 2009).

Şekil 7.25'de Yan ve ark.nın (2003)., kanatlı boru evaporatörün karlanma şartlarını incelemek için yapmış oldukları deneysel çalışmadan elde ettikleri sonuçlar görülmektedir. Sayısal modelden elde edilen sonuçlar, Şekil 7.25'de verilen grafikler ile uyum içindedir.

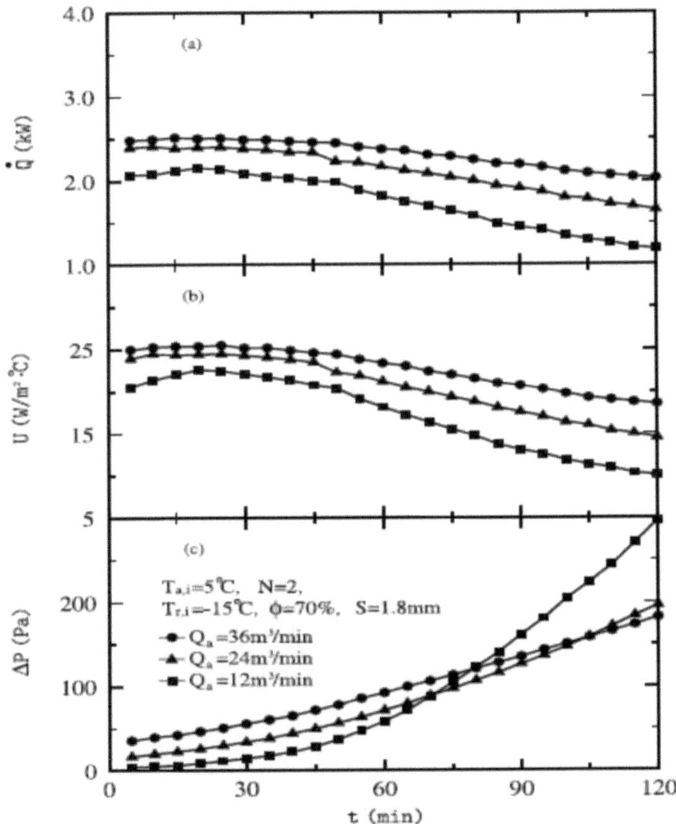

Şekil 7.15. Farklı hava debilerinin; ısı transferine, toplam ısı transfer katsayınsa ve basınç düşümüne etkisi (Yan ve ark, 2003)

8. SONUÇLAR VE ÖNERİLER

8.1. Sonuçlar

Karlanma koşullarında kanatlı borulu evaporatörün performansı deneysel ve sayısal olarak incelendi ve sonuçlar aşağıda verildi.

UA değerleri ile sayısal modelden elde edilen sonuçlar karşılaştırıldığında, (Çizelge 5.3) ortalama %3,0759 ve %7,238 arasında bir fark değerine karşı geldiği gözlendi ve deneysel sonuçlarla sayısal modelden elde edilen sonuçların uyumlu olduğu görüldü (Bölüm 7). Sonuç olarak bu çalışmadaki karlanma modelinin uygulanabilir olduğu ortaya konuldu.

Bu çalışmada literatürdeki benzer çalışmalardan farklı bir karlanma modeli ortaya kondu. Enerji balans denklemleri toplam ısı transfer katsayısı esas alınarak ifade edildi. Havadan boru yüzeyine, havadan kanat yüzeyine ve havadan soğutucu akışkana olan toplam ısı transfer katsayırıyla enerji balans denklemleri kuruldu.

Hava sıcaklığı arttıkça, kar kalınlığı ve hava tarafındaki basınç düşümü artmaktadır ve toplam ısıl geçirgenlik azalmaktadır (Şekil 7.11-7.13).

Bağıl nem arttıkça toplam ısıl geçirgenlik düşmektedir. Kar kalınlığı ve hava tarafındaki basınç düşümü artmaktadır (Şekil 7.16-7.18).

Çalışmada, hava hızı arttıkça toplam ısıl geçirgenlik ve basınç düşümü artmaktadır (Şekil 7.21 ve Şekil 7.23). Ayrıca hava hızının kar kalınlığına etkisinin ihmal edilebilir olduğu gözlendi (Şekil 7.22).

8.2. Öneriler

Konuyla ilgili ileride yapılacak çalışmalar için aşağıdaki öneriler verilebilir.

1. Sayısal modelde evaporatör yüzeyi üzerindeki kar kalınlığı hesaplanabilmektedir. Deneysel çalışmada, kanal içinde kalan evaportör yüzeyindeki kar kalınlığı ölçülememektedir. Kar kalınlığını ölçebilecek bir sistem düşünülebilir.

2. Kanal içindeki havanın bağıl neminin, sensörlerle kontrol edilebileceği bir nemlendirme ve nem alıcı sistemi deney düzeneğine ilave edilebilir.

3. Sayısal modelde evaporatör yüzeyi üzerindeki her noktada yüzey sıcaklığı bulunabilmektedir. Deneysel çalışmada evaporatör yüzeyi üzerindeki sıcaklıları her bir noktada ölçmek için hassas sensörler kullanılabilir.

4. Havanın evaporatör yüzeyi üzerindeki her bir adımında, sayısal olarak bağıl nemi bulunabilmektedir. Deneysel olarak nem değerinin bulunabilmesi için bir ölçme sistemi geliştirilebilir.

KAYNAKLAR

Acar, A., 2011, *Vikipedi özgür ansiklopedi* [online], http://tr.wikipedia.org/wiki/Buzdolab%C4%B1, [Ziyaret Tarihi: 24 Nisan 2011].

Aljuwayhel, N.F., Reindl, D.T., Klein, S.A., Nellis,G.F., 2008, Experimental investigation of the performance of industrial evaporator coils operating under frosting conditions, *International journal of refrigeration*, 31, 98–106.

Altınışık, K., 2003, Uygulamalarla Isı Transferi, 2.Baskı, *Nobel Yayın Dağıtım*, 506-507, 702-703.

Anonim, 2005, *Alternaturk Türkiye'nin Enerji Sitesi* [online], http://www.alternaturk.org/A++enerji-tasarrufu.php, [Ziyaret Tarihi: 24 Nisan 2011].

Anonim, 1997, American Society of Heating, Refrigerating and Air-Conditioning Engineers, ASHARE HANDBOOK, Atlanta, 6.2-6.1.

Cheng, C.H. and Cheng, Y.C., 2001, Predictions of frost growth on a cold plate in atmospheric air, *Int. Comm. Heat Mass Transfer*, 28 (7) 953-962.

Cui, J., Li, W. Z., Liu, Y., Zhao, Y. S., 2011, A new model for predicting performance of fin-and-tube heat exchanger under frost condition, *International Journal of Heat and Fluid Flow* , 32, 249–260.

Fossa, M. and Tanda, G., 2002, Study of free convection frost formation on a vertical plate, *Experimental Thermal and Fluid Science*, 26, 661–668.

Hermes, C.J.L., Piucco, R. O. , Barbosa, J.R., Melo, Jr., C., 2009, A study of frost growth and densification on flat surfaces, *Experimental Thermal and Fluid Science*, 33, 371-379.

Holman, J.P., 1966, Experimental Methods for Engineers, Second Edition, McGrow-Hill Kogakusha, 37-38.

Huang, J.M., Hsieh, W.C., Ke, X.J., Wang, C.C., 2008, The effects of frost thickness on the heat transfer of finned tube heat exchanger subject to the combined influence of fan types, *Applied Thermal Engineering*, 28, 728–737.

Ismail, K. A. R., Salinas, C., Gongalves, M. M., 1997, Frost growth around a cylinder in a wet air stream, *Int J. Refrig.*, 20 (2) 106-119.

Kim, D.H., Koyama, S., Kuwahara, K., Kwon,J.T., 2010, Study on heat and mass transfer characteristics of humid air-flow in a fin bundle, *International journal of refrigeration*, 33 1434- 1443.

Kim, J.S., Lee, K.S., Yook, S.J., 2009, Frost behavior on a fin considering the heat conduction of heat exchanger fins, *International Journal of Heat and Mass Transfer*, 52, 2581-2588.

Kim, S.J., Choi, H.J., Ha, M.Y., Kim, S.R, Bang, S.W., 2010, Heat transfer and pressure drop amidst frost layer presence for the full geometry of fin-tube heat exchanger, *Journal of Mechanical Science and Technology,* 24 (4) 961-969

Kondepudi, S.N. and O'Neal, D.L., 1989, Effect of frost growth on the performance of louvered finned tube heat exchangers, *Int. J. Refrigeration*, 12, 151–158.

Kondepudi, S.N. and O'Neal, D.L., 1993, Performance of finned-tube heat exchanger under frosting conditions: I. Simulation model, *Int. J.Refrigerat.*, 16, 3, 175–180.

Kondepudi, S.N. and O'Neal, D.L., 1993, Performance of finned-tube heat exchanger under frosting conditions: II. Comparison of experimentaldata with model, *Int. J. Refrigeration*, 16, 3, 181–184.

Lee, K.S., Jhee, S., Yang, D.K., 2003, Prediction of the frost formation on a cold flat surface, *International Journal of Heat and Mass Transfer*, 46, 3789–3796.

Lee, K.S., Kim, W.S., Lee, T.H., 1997, A one-dimensional model for frost formation on a cold flat surface, *International Journal of Heat and Mass Transfer*, 40, 4359-4365.

Lee, M., Kim, Y., Lee, H., Kim,Y., 2010, Air-side heat transfer characteristics of flat plate finned-tube heat exchangers with large fin pitches under frosting conditions, *International Journal of Heat and Mass Transfer*, 53, 2655–2661.

Lee, Y.B. and Ro, S.T., 2002, Frost formation on a vertical plate in simultaneously developing flow, *Experimental Thermal and Fluid Science*, 26, 939–945.

Lenic, K., Trp, A. , Frankovic, B., 2009, Transient two-dimensional model of frost formation on a fin-and-tube heat exchanger, *International Journal of Heat and Mass Transfer*, 52, 22–32.

Lüer, A. and Beer, H., 2000, Frost deposition in a parallel plate channel under laminar flow conditions, *Int. J. Therm.* Sci., 39, 85–95.

Seker, D., Karatas, H., Egrican, Nilufer, 2004, Frost formation on fin-and-tube heat exchangers. Part I- Modeling of frost formation on fin-and-tube heat exchangers, *International Journal of Refrigeration*, 27, 367–374.

Seker, D., Karatas, H., Egrican, Nilufer, 2004, Frost formation on fin- and-tube heat exchangers. Part II-Experimental investigation of frost formation on fin- and- tube heat exchangers, *International Journal of Refrigeration*, 27, 375–377.

Silva, D. L., Hermes, C. J. L., 2011, Claudio Melo a, Experimental study of frost accumulation on fan-supplied tube-fin evaporators, *Applied Thermal Engineering*, 31, 1013-1020.

Tso, C.P., Cheng, Y.C., Lai, A.C.K., 2006, An improved model for predicting performance of finned tube heat exchanger under frosting condition, with frost thickness variation along fin, *Applied Thermal Engineering*, 26, 111–120.

Xia, Y. and Jacobi, A.M., 2010, A model for predicting the thermal-hydraulic performance of louvered-fin, flat-tube heat exchangers under frosting conditions, *International journal of refrigeration*, 33 321 - 333.

Yan, W.M., Li, H. Y., Wu, Y. J., Lin, J.Y., Chang, W. R, 2003, Performance of finned tube heat exchangers operating under frosting conditions, *International Journal of Heat and Mass Transfer*, 46, 871–877.

Yao, Y., Jiang, Y., Deng , S., Ma, Z., 2004, A study on the performance of the airside heat exchanger under frosting in an air source heat pump water heater/chiller unit, *International Journal of Heat and Mass Transfer*, 47, 3745–3756.

Yun, R., Yongchan, K., Min, K., 2002, Modeling of frost growth and frost properties
with airflow over a flat plate, *International Journal of Refrigeration*, 25, 362-371.

EKLER

EK-1 Karlanma şartları altında kanatlı borulu evaporatörün UA değerinin hesaplanması için MATLAB R2010 b'de hazırlanan programın bir kısmı

```
        %HAVANIN ÇEŞİTLİ NOKTALARDA ÖZELLİKLERİNİN
BULUNMASI
        for i=1:583;
          kv=111.81*10^-12*Taa(i)^2+89.12*10^-9*Taa(i)+13.52*10^-
6;%kinematik viskozite
          ka=-47.33*10^-9*Taa(i)^2+76.49*10^-6*Taa(i)+0.02418;
          cp(i)=689.46*10^-6*Taa(i)^2-255.94*10^-6*Taa(i)+1006.39;
          yog=348.357/(273.16+Taa(i));
          Ref=v*0.005/kv;
          Ret=v*(0.008-0.0064)/kv;
          Pr=627.26*10^-9*Taa(i)^2-168.93*10^-6*Taa(i)+0.717908;
          haf=0.204*Ref^0.657*Pr^1.334*ka/0.005;
          hat=0.146*Ret^0.917*Pr^2.844*ka/(0.008-0.0064);
          R=287;
          Qgs=1;%kar yüzeyine yakın havanın bağıl nemi yaklaşık 1 olarak
alındı
          nuo=hat*0.008/237;
          Stf(i)=haf/(yog*v*cp(i));
          Stt(i)=hat/(yog*v*cp(i));
          Nuo(i)=nuo;
           mu=-34.57*10^-12*Taa(i)^2+50.36*10^-9*Taa(i)+17.24*10^-6;
        Re=Gmax*do/mu;
          epps=1370727.88/327160.93;
          %ha(i)=0.113*Re^0.755*Pr^(1/3)*epps^-0.420*ka/do;
          HA(i)= haf;
          HAB(i)= hat;
          Le=0.905;
          %Da(i)=-2.775*10^-6+4.479*10^-8*(Taa(i)+273.15)+1.659*10^-
10*(Taa(i)+273.15)^2;
          %aal=ka/(cp(i)*yog);
          %Le(i)=Da(i)/aal;
          hm(i)=HA(i)/(Le*cp(i));
          nufine(i)=HA(i)*0.005/kfin;
          nutube(i)=HAB(i)*do/kfin;
```

```
%HT11(i)=(HABT1(art)*3.14*do*0.005+HAF1(art)*0.005*0.005)/(3.14*
do*0.005+0.005*0.005);
    %hm(i)=HT11(i)/(Le*cp(i));
    %KAR YÜZEYİNE AİT ÖZELLİKLER
    end
    %Kanat yüzeyi için havadan yüzeye toplam ısı transfer katsayısı
    if Tfinort>0
    for i=1:583
    Uf(i)=1/(1/HA(i)+zfst(i)/kfst(i));
    Ufk(i)=1/(1/HA(i));
    %Kanat yüzeyi için kar yüzeyinden yüzeye toplam ısı transfer
katsayısı
    Uft(i)=1/(zfst(i)/kfst(i));
    end
    for i=1:583
    yog(i)=-1.6446*10^-12*(Taa(i)+273.15)^5+2.7183*10^-
9*(Taa(i)+273.15)^4-
1.8129*10^6*(Taa(i)+273.15)^3+0.00061948*(Taa(i)+273.15)^20.11312*
(Taa(i)+273.15)+10.291;
    Pa(i)=yog(i)*R*(Taa(i)+273.15);

    C1=-5674.5359;
    C2=6.3925247;
    C3=-0.9677843*10^-2;
    C4=0.62215701*10^-6;
    C5=0.20747825*10^-8;
    C6=-0.9484024*10^-12;
    C7=4.1635019;
    %Pwsa=exp(C1/(Taa(i)+273.15)+C2+C3*(Taa(i)+273.15)+C4*(Taa
(i)+273.15)^2+C5*(Taa(i)+273.15)^3+C6*(Taa(i)+273.15)^4+C7*log((Ta
a(i)+273.15)));
    if Taa(i)<=0
    Pwsa=exp(C1/(Taa(i)+273.15)+C2+C3*(Taa(i)+273.15)+C4*(Taa(i)
+273.15)^2+C5*(Taa(i)+273.15)^3+C6*(Taa(i)+273.15)^4+C7*log((Taa(i
)+273.15)));
    else
        C8=-5.8002206*10^3;
        C9=1.3914993;
        C10=-4.8640239*10^-2;
        C11=4.1764768*10^-5;
        C12=-1.445209*10^-8;
        C13=6.5459673;
```

```
Pwsa=exp(C8/(Taa(i)+273.15)+C9+C10*(Taa(i)+273.15)+C11*(Taa
(i)+273.15)^2+C12*(Taa(i)+273.15)^3+C13*log((Taa(i)+273.15)));
end
%if 0<=Taa(i)<=30
  %a=288.68; b=1.098; n=8.02;
  %Pwsa=a*(b+Taa(i)/100)^n;
%elseif -20<=Taa(i)<0
  %a=4.689; b=1.486; n=12.3;
  %Pwsa=a*(b+Taa(i)/100)^n;
%end
Pw(i)=Qg*Pwsa;
wa(i)=0.622*Pw(i)/(100000-Pw(i));
end
for i=1:583;
   nufine(i)=HA(i)*0.005/kfin;
   nutube(i)=HAB(i)*do/kfin;
end

%SOĞUTUCU AKIŞKAN TARAFINDAKİ TAŞINIM
KATSAYISININ BULUNMASI
for i=1:130 %boru üzerinde belirlenen 5 düğüm noktasına göre hr'nin
bulunması
   C=((1-x(i))/x(i))^0.8*(rog/rol)^0.5;
   B=(0.99-0.001)*di/(4*Lt);
   ur=124.34;%hız
   vr=7.39*10^-4+x(i)*0.099;%soğutucu akışkanın özgül hacmi
   ygr(i)=1/vr;
   Rel=2875.36*(1-x(i));
   f=(1.58*log(Rel)-3.28)^-2;
   F=15.43;
   hl=0.023*(G*(1-x(i))*di/mul)^0.8*Prl^0.4*kl/di;
   Ns=C;
   Wcb=1.8/(Ns^0.8);
  if Ns>1
     Wnb=230*B^0.5;
    if Wcb>Wnb
       H(i)=Wcb*hl;
    else
       H(i)=Wnb*hl;
    end
  elseif 0.1<Ns<=1;
    Wbs=F*B^0.5*exp(2.47*Ns^-0.1);
    if Wcb>Wbs
```

```
        H(i)=Wcb*hl;
     else
        H(i)=Wbs*hl;
     end
 elseif Ns<=0.1;
     Wbs=F*B^0.5*exp(2.47*Ns^-0.15);
     if Wcb>Wbs
        H(i)=Wcb*hl;
     else
        H(i)=Wbs*hl;
     end
  end

NUi(i)=H(i)*0.0064/237;
STr(i)=H(i)/(1*cpr*ygr(i));
REL(i)=Rel;
end
HR(1)=(H(1)+H(2)+H(3)+H(4)+H(5))/5;
HR(2)=(H(6)+H(7)+H(8)+H(4)+H(5))/5;
HR(3)=(H(11)+H(12)+H(13)+H(14)+H(15))/5;
HR(4)=(H(16)+H(17)+H(18)+H(19)+H(20))/5;
HR(5)=(H(21)+H(22)+H(23)+H(24)+H(25))/5;
HR(6)=(H(26)+H(27)+H(28)+H(29)+H(30))/5;
HR(7)=(H(31)+H(32)+H(33)+H(34)+H(35))/5;
HR(8)=(H(36)+H(37)+H(38)+H(39)+H(40))/5;
HR(9)=(H(41)+H(42)+H(43)+H(44)+H(45))/5;
HR(10)=(H(46)+H(47)+H(48)+H(49)+H(50))/5;
HR(11)=(H(51)+H(52)+H(53)+H(54)+H(55))/5;
HR(12)=(H(56)+H(57)+H(58)+H(59)+H(60))/5;
HR(13)=(H(61)+H(62)+H(63)+H(64)+H(65))/5;

HR(14)=(H(66)+H(67)+H(68)+H(69)+H(70))/5;
HR(15)=(H(71)+H(72)+H(73)+H(74)+H(75))/5;
HR(16)=(H(76)+H(77)+H(78)+H(79)+H(80))/5;
HR(17)=(H(81)+H(82)+H(83)+H(84)+H(85))/5;
HR(18)=(H(86)+H(87)+H(88)+H(89)+H(90))/5;
HR(19)=(H(91)+H(92)+H(93)+H(94)+H(95))/5;
HR(20)=(H(96)+H(97)+H(98)+H(99)+H(100))/5;
HR(21)=(H(101)+H(102)+H(103)+H(104)+H(105))/5;
HR(22)=(H(106)+H(107)+H(108)+H(109)+H(110))/5;
HR(23)=(H(111)+H(112)+H(113)+H(114)+H(115))/5;
HR(24)=(H(116)+H(117)+H(118)+H(119)+H(120))/5;
HR(25)=(H(121)+H(122)+H(123)+H(124)+H(125))/5;
```

```
HR(26)=(H(126)+H(127)+H(128)+H(129)+H(130))/5;


yogr(1)=(ygr(1)+ygr(2)+ygr(3)+ygr(4)+ygr(5))/5;
yogr(2)=(ygr(6)+ygr(7)+ygr(8)+ygr(9)+ygr(10))/5;
yogr(3)=(ygr(11)+ygr(12)+ygr(13)+ygr(14)+ygr(15))/5;
yogr(4)=(ygr(16)+ygr(17)+ygr(18)+ygr(19)+ygr(20))/5;
yogr(5)=(ygr(21)+ygr(22)+ygr(23)+ygr(24)+ygr(25))/5;
yogr(6)=(ygr(26)+ygr(27)+ygr(28)+ygr(29)+ygr(30))/5;
yogr(7)=(ygr(31)+ygr(32)+ygr(33)+ygr(34)+ygr(35))/5;
yogr(8)=(ygr(36)+ygr(37)+ygr(38)+ygr(39)+ygr(40))/5;
yogr(9)=(ygr(41)+ygr(42)+ygr(43)+ygr(44)+ygr(45))/5;
yogr(10)=(ygr(46)+ygr(47)+ygr(48)+ygr(49)+ygr(50))/5;
yogr(11)=(ygr(51)+ygr(52)+ygr(53)+ygr(54)+ygr(55))/5;
yogr(12)=(ygr(56)+ygr(57)+ygr(58)+ygr(59)+ygr(60))/5;
yogr(13)=(ygr(61)+ygr(62)+ygr(63)+ygr(64)+ygr(65))/5;

yogr(14)=(ygr(66)+ygr(67)+ygr(68)+ygr(69)+ygr(70))/5;
yogr(15)=(ygr(71)+ygr(72)+ygr(73)+ygr(74)+ygr(75))/5;
yogr(16)=(ygr(76)+ygr(77)+ygr(78)+ygr(79)+ygr(80))/5;
yogr(17)=(ygr(81)+ygr(82)+ygr(83)+ygr(84)+ygr(85))/5;
yogr(18)=(ygr(86)+ygr(87)+ygr(88)+ygr(89)+ygr(90))/5;
yogr(19)=(ygr(91)+ygr(92)+ygr(93)+ygr(94)+ygr(95))/5;
yogr(20)=(ygr(96)+ygr(97)+ygr(98)+ygr(99)+ygr(100))/5;
yogr(21)=(ygr(101)+ygr(102)+ygr(103)+ygr(104)+ygr(105))/5;
yogr(22)=(ygr(106)+ygr(107)+ygr(108)+ygr(109)+ygr(110))/5;
yogr(23)=(ygr(111)+ygr(112)+ygr(113)+ygr(115)+ygr(115))/5;
yogr(24)=(ygr(116)+ygr(117)+ygr(118)+ygr(119)+ygr(120))/5;
yogr(25)=(ygr(121)+ygr(122)+ygr(123)+ygr(124)+ygr(125))/5;
yogr(26)=(ygr(126)+ygr(127)+ygr(128)+ygr(129)+ygr(130))/5;

for i=1:26
    %Boru yüzeyi için havadan soğutucu akışkana toplam ısı transfer katsayısı
    Utr(i)=1/(di/(HAB(i)*(do+2*zfst(i)))+(di/2)*log((do+2*zfst(i))/do)/kfst(i)+(di/2)*log(do/di)/237+1/HR(i));
    Utrk(i)=1/(di/(HAB(i)*do)+(di/2)*log(do/di)/237+1/HR(i));

    %Boru yüzeyi için borudan soğutucu akışkana toplam ısı transfer katsayısı
    Utrt(i)=1/((di/2)*log(do/di)/237+1/HR(i));

    %Boru yüzeyi için borudan havaya toplam ısı transfer katsayısı
```

```
%(iç yüzey alanına göre)
Uta(i)=1/(do/(HAB(i)*(do+2*zfst(i)))+(do/2)*log((do+2*zfst(i))/do)/
kfst(i));
Utak(i)=1/(do/(HAB(i)*do));

%Nui(i)=HR(i)*0.0064/237;
St(i)=HR(i)/(yogr(i)*cpr*ur);
end

k=[27:44:555,31:44:559];
Th=[Taa(27) Taa(71) Taa(115) Taa(159) Taa(203) Taa(247) Taa(291)
Taa(335) Taa(379) Taa(423) Taa(467) Taa(511) Taa(555) Taa(31) Taa(75)
Taa(119) Taa(163) Taa(207) Taa(251) Taa(295) Taa(339) Taa(383)
Taa(427) Taa(471) Taa(515) Taa(559)];

%SOĞUTUCU AKIŞKAN SICAKLIKLARININ BULUNMASI
%Soğutucu akışkan sıcaklığı
a=zeros(26);
for i=2:26

a(i,i)=-HR(i)/z-2*Utrk(i)*St(i)/(di/2);
a(i,i-1)=HR(i)/z;
b(i)=-2*Utrk(i)*St(i)*Th(i)/(di/2);
end

%SOĞUTUCU AKIŞKANIN GİRİŞ SICAKLIĞINA GÖRE
DENKLEM
a(1,1)=1;
b(1)=Trg;
%a(1,1)=-HR(1)/z-2*Utrk(1)*St(1)/(di/2);
%b(1)=-HR(1)/z*Trg-2*Utrk(1)*St(1)*Th(1)/(di/2);

n=26; Tfin=zeros(1,n);delta=0.000001; ilk=[1;zeros(n-2,1);1];
for k=1:1000000;
  for j=1:n;
    if j==1;
      Tfin(1)=(b(1)-a(1,2:n)*ilk(2:n))/a(1,1);
    elseif j==n;
      Tfin(n)=(b(n)-a(n,1:n-1)*Tfin(1:n-1)')/a(n,n);
    else
      Tfin(j)=(b(j)-a(j,1:j-1)*Tfin(1:j-1)'-
a(j,j+1:n)*ilk(j+1:n))/a(j,j);
    end
```

```
    end
    hata=abs(norm(Tfin'-ilk));
    hatatek=hata/(norm(Tfin)+eps);
    ilk=Tfin';
    if (hata<delta)||(hatatek<delta);
       %disp('iterasyon belirtilen sayıdan önce sona erdi')
       break
    end
end
Tr=Tfin';
display(Tr);
display('iterasyon sayısı=')
display(k-1)
a=zeros(33);


%BİRİNCİ SIRA İÇİN KANAT YÜZEYİNDEKİ
SICAKLIKLARIN BULUNMASI

%Kanat başındaki köşe nokta için

a(1,1)=-Atab/nufine(1)-Afine*Ufk(1)/(2*HA(1));
a(1,2)=Atab/(2*nufine(1));
a(1,12)=Atab/(2*nufine(1));
b(1)=-Afine*Ufk(1)*Taa(1)/(2*HA(1));

%Kanat başındaki iç noktalar için
for i=2:10
a(i,i)=-2*Atab/nufine(i)-Afine*Ufk(i)/HA(i);
a(i,i-1)=Atab/(2*nufine(i));
a(i,i+1)=Atab/(2*nufine(i));
a(i,i+11)=Atab/nufine(i);
b(i)=-Afine*Ufk(i)*Taa(i)/HA(i);
end

%Kanat sonundaki köşe nokta için
a(11,11)=-Atab/nufine(11)-Afine*Ufk(11)/(2*HA(11));
a(11,10)=Atab/(2*nufine(11));
a(11,12)=0;
a(11,22)=Atab/(2*nufine(11));
b(11)=-Afine*Ufk(11)*Taa(11)/(2*HA(11));
```

%İKİNCİ SIRA İÇİN KANAT YÜZEYİNDEKİ SICAKLIKLARIN BULUNMASI

%Kanadın ilk kenar noktası için sıcaklıkların bulunması

```
a(12,12)=-2*Atab/nufine(12)-Afine*Ufk(12)/HA(12);
a(12,11)=0;
a(12,13)=Atab/nufine(12);
a(12,1)=Atab/(2*nufine(12));
a(12,23)=Atab/(2*nufine(12));
b(12)=-Afine*Ufk(12)*Taa(12)/HA(12);
```

%Kanadın orta noktaları için sıcaklıkların bulunması

```
for i=13:21

a(i,i)=-4*Atab/nufine(i)-2*Afine*Ufk(i)/HA(i);
a(i,i-1)=Atab/nufine(i);
a(i,i+1)=Atab/nufine(i);
a(i,i-11)=Atab/nufine(i);
a(i,i+11)=Atab/nufine(i);
b(i)=-2*Afine*Ufk(i)*Taa(i)/HA(i);
end
```

%Kanadın son kenar noktası için sıcaklıkların bulunması

```
a(22,22)=-2*Atab/nufine(22)-Afine*Ufk(22)/HA(22);
a(22,21)=Atab/nufine(22);
a(22,23)=0;
a(22,11)=Atab/(2*nufine(22));
a(22,33)=Atab/(2*nufine(22));
b(22)=-Afine*Ufk(22)*Taa(22)/HA(22);
```

%ÜÇÜNCÜ SIRA İÇİN KANAT YÜZEYİNDEKİ SICAKLIKLARIN BULUNMASI

%Kanadın ilk kenar noktası için sıcaklıkların bulunması

```
a(23,23)=-2*Atab/nufine(23)-Afine*Ufk(23)/HA(23);
a(23,22)=0;
a(23,24)=Atab/nufine(23);
a(23,12)=2*Atab/(2*nufine(23));
b(23)=-Afine*Ufk(23)*Taa(23)/HA(23);
```

```
%Kanadın orta noktaları için sıcaklıkların bulunması

for i=24:32

a(i,i)=-4*Atab/nufine(i)-2*Afine*Ufk(i)/HA(i);
a(i,i-1)=Atab/nufine(i);
a(i,i+1)=Atab/nufine(i);
a(i,i-11)=2*Atab/nufine(i);
b(i)=-2*Afine*Ufk(i)*Taa(i)/HA(i);
end

%Boru yüzey sıcaklıklarının bulunması

for i=27
   s=1;

a(i,i)=-Utak(s)*Ao/HA(i)-Utrt(s)*Ai/HA(i)-4*Atab/nufine(i);
a(i,i-1)=Atab/nufine(i);
a(i,i+1)=Atab/nufine(i);
a(i,i-11)=2*Atab/nufine(i);
b(i)=-Utak(s)*Taa(i)*Ao/HA(i)-Utrt(s)*Tr(s)*Ai/HA(i);
end
for i=31
   s=26;

a(i,i)=-Utak(s)*Ao/HA(i)-Utrt(s)*Ai/HA(i)-4*Atab/nufine(i);
a(i,i-1)=Atab/nufine(i);
a(i,i+1)=Atab/nufine(i);
a(i,i-11)=2*Atab/nufine(i);
b(i)=-Utak(s)*Taa(i)*Ao/HA(i)-Utrt(s)*Tr(s)*Ai/HA(i);
end


%Kanadın son kenar noktası için sıcaklıkların bulunması

a(33,33)=-2*Atab/nufine(33)-Afine*Ufk(33)/HA(33);
a(33,32)=Atab/nufine(33);
a(33,22)=2*Atab/(2*nufine(33));
b(33)=-Afine*Ufk(33)*Taa(33)/HA(33);

n=33; Tfin=zeros(1,n);delta=0.000001; ilk=[1;zeros(n-2,1);1];
for k=1:1000000;
```

```
for j=1:n;
    if j==1;
        Tfin(1)=(b(1)-a(1,2:n)*ilk(2:n))/a(1,1);
    elseif j==n;
        Tfin(n)=(b(n)-a(n,1:n-1)*Tfin(1:n-1)')/a(n,n);
    else
        Tfin(j)=(b(j)-a(j,1:j-1)*Tfin(1:j-1)'-
a(j,j+1:n)*ilk(j+1:n))/a(j,j);
    end
end
hata=abs(norm(Tfin'-ilk));
hatatek=hata/(norm(Tfin)+eps);
ilk=Tfin';
if (hata<delta)||(hatatek<delta);
    %disp('iterasyon belirtilen sayıdan önce sona erdi')
    break
end
end
Tfin1=Tfin';
display(Tfin1);
display('iterasyon sayısı=')
display(k-1)
a=zeros(44);
```

EK-2 Deneysel çalışmada UA değerinin hesaplanması için MATLAB R2010 b'de hazırlanan programın bir kısmı

```
%HAVANIN EVAPORATÖR GİRİŞ VE ÇIKIŞINDAKİ
ENTALPİSİ

%BİRİNCİ DENEY
for i=1:61

rog1=348.357/(273.16+Tg1(i));
roc1=348.357/(273.16+Tc1(i));
Pag1=rog1*R*Tg1(i);
Pac1=roc1*R*Tc1(i);
C1=-5674.5359;
C2=6.3925247;
C3=-0.9677843*10^-2;
C4=0.62215701*10^-6;
C5=0.20747825*10^-8;
C6=-0.9484024*10^-12;
C7=4.1635019;

if Tg1(i)<=0

Pwsag1=exp(C1/(Tg1(i)+273.15)+C2+C3*(Tg1(i)+273.15)+C4*(Tg
1(i)+273.15)^2+C5*(Tg1(i)+273.15)^3+C6*(Tg1(i)+273.15)^4+C7*log((T
g1(i)+273.15)));
else
    C8=-5.8002206*10^3;
    C9=1.3914993;
    C10=-4.8640239*10^-2;
    C11=4.1764768*10^-5;
    C12=-1.445209*10^-8;
    C13=6.5459673;
Pwsag1=exp(C8/(Tg1(i)+273.15)+C9+C10*(Tg1(i)+273.15)+C11*(
Tg1(i)+273.15)^2+C12*(Tg1(i)+273.15)^3+C13*log((Tg1(i)+273.15)));
end
Pwg1(i)=Qg1(i)*0.01*Pwsag1;
wg1(i)=0.622*Pwg1(i)/(100000-Pwg1(i));

if Tc1(i)<=0
```

```
Pwsac1=exp(C1/(Tc1(i)+273.15)+C2+C3*(Tc1(i)+273.15)+C4*(Tc
1(i)+273.15)^2+C5*(Tc1(i)+273.15)^3+C6*(Tc1(i)+273.15)^4+C7*log((T
c1(i)+273.15)));
    else
        C8=-5.8002206*10^3;
        C9=1.3914993;
        C10=-4.8640239*10^-2;
        C11=4.1764768*10^-5;
        C12=-1.445209*10^-8;
        C13=6.5459673;
    Pwsac1=exp(C8/(Tc1(i)+273.15)+C9+C10*(Tc1(i)+273.15)+C11*(
Tc1(i)+273.15)^2+C12*(Tc1(i)+273.15)^3+C13*log((Tc1(i)+273.15)));
    end
    Pwc1(i)=Qc1(i)*0.01*Pwsac1;
    wc1(i)=0.622*Pwc1(i)/(100000-Pwc1(i));
    hag1(i)=c*Tg1(i)+wg1(i)*(2500.9+1.82*Tg1(i))*10^3;
    hac1(i)=c*Tc1(i)+wc1(i)*(2500.9+1.82*Tc1(i))*10^3;
    %ORTALAMA HAVA SICAKIĞI
    Thava1=(Tg1(i)+Tc1(i))/2;
    %HAVA TARAFI ISI GEÇİŞİ

    Tiyg1=Tg1(i)+2;
    Tdyg1=Tg1(i)+3;
    Tiyc1=Tc1(i)+2;
    Tdyc1=Tc1(i)+3;
    Tiy1=(Tiyg1+Tiyc1)/2;
    Tdy1=(Tdyg1+Tdyc1)/2;
    delT1=Tortam1-Tdy1;
    ortT1=(Tortam1+Tdy1)/2;
    kinv1=9.312497185782315*10^-
11*ortT1^2+8.590787874997148*10^8*ortT1+ 1.358297067698768*10^-
5;
    k1=-2.1829285*10^-8*ortT1^2+7.7549717820*10^-5*ortT1
+0.023992614793735;
    Pr1=2.822567491733898*10^-7*ortT1^2-2.106760350579977*10^-
4*ortT1 +7.183495256743111*10^-1;
    B1=1/(273.15+ortT1);
    Ra1=B1*9.81*delT1*L^3*Pr1/kinv1^2;
    Nu1=0.54*Ra1^(1/4);
    h1=Nu1*k1/L;
    %h1=1.32*(delT1/L)^0.25;
    Rtop1=tknl/(kknl*At)+tyltm/(kyltm*At)+tsac/(ksac*At)+1/(h1*At);
    UAkanal1=1/Rtop1;
```

```
qkazanc1(i)=UAkanal1*(Tortam1-Tiy1);
qa1(i)=ma1*(hag1(i)-hac1(i))-qkazanc1(i);
%SOĞUTUCU AKIŞKAN TARAFI ISI GEÇİŞİ
hri1=(753.06*10^-8*Tri1(i)^3+14.124*10^-
4*Tri1(i)^2+1.1723*Tri1(i)+199.99)*10^3;
hro1=(-110.95*10^-7*Tro1(i)^3-17.761*10^-
4*Tro1(i)^2+0.36939*Tro1(i)+405.06)*10^3;
qr1=mr*(hro1-hri1);

%EVAPORATÖR KAPASİTESİ
qort1=(qa1(i)+qr1)/2;
%LOGARİTMİK ORTALAMA SICAKLIK FARKI
delTm1(i)=((Tg1(i)-Tro1(i))-(Tc1(i)-Tri1(i)))/log((Tg1(i)-
Tro1(i))/(Tc1(i)-Tri1(i)));

%EVAPORATÖRÜN TOPLAM ISIL GEÇİRGENLİĞİ
UA111(i)=qort1/delTm1(i);
End
```

EK-3 En küçük kareler metoduna göre hava ve soğutucu akışkana ait özellilerin sıcaklığa bağlı olarak bulunması için MATLAB R2010 b'de hazırlanan programın bir kısmı

```
% SOĞUTUCU AKIŞKAN R22 İÇİN -40-+40 C ARALIĞINDA
ENTALPİ DEĞERLERİ İÇİN
% EĞRİ UYDURMA

x=[-150 -100 -50 ,0:20:200,250,300,350,400];
%ÖZGÜL ISI İÇİN
%y=[1.026 1.009 1.005 1.005 1.005 1.005 1.009 1.009 1.009 1.013
1.013 1.017 1.022 1.026 1.034 1.047 1.055 1.068];
%YOĞUNLUK İÇİN
%y=[2.793 1.980 1.534 1.293 1.205 1.127 1.067 1.000 0.946 0.898
0.854 0.815 0.779 0.746 0.675 0.616 0.566 0.524];
%ISI İLETİM KATSAYISI
%y=[0.0116 0.0160 0.0204 0.0243 0.0257 0.0271 0.0285 0.0299
0.0314 0.0328 0.0343 0.0358 0.0372 0.0386 0.0421 0.0454 0.0485 0.0515];
%KİNEMATİK VİSKOSİTE
%y=[3.08 5.95 9.55 13.30 15.11 16.97 18.90 20.94 23.06 25.23 27.55
29.85 32.29 34.63 41.17 47.85 55.05 62.53]*10^-6;
%Pr SAYISI
y=[0.76 0.74 0.725 0.715 0.713 0.711 0.709 0.708 0.703 0.70 0.695
0.69 0.69 0.685 0.68 0.68 0.68 0.68];

a2=polyfit(x,y,2);
disp('a2 katsayıları:')
disp(a2')
a3=polyfit(x,y,3);
disp('a3 katsayıları:')
disp(a3')
xi=linspace(-150,400,101);
yi2=polyval(a2,xi);
yi3=polyval(a3,xi);
plot(x,y,'ko',xi,yi2,'k--',xi,yi3,'k-')
%ÖZGÜL ISI İÇİN BULUNAN DENKLEM
%-7.35654*10^-10*T^3+7.03941407*10^-7*T^2-
6.617662124*10^-6*T+1.004228351813935
%YOĞUNLUK İÇİN BULUNAN DENKLEM
```

%3.21*10^-13*T^5+2.91164*10^-10*T^4-9.4326796*10^-8*T^3+1.74865167*10^-5*T^2-4.210451507849*10^-3*T+1.271729238428878

%ISI İLETİM KATSAYISI İÇİN BULUNAN DENKLEM

%-2.1829285*10^-8*T^2+7.7549717820*10^-5*T+0.023992614793735

%KİNEMATİK VİSKOSİTE İÇİN BULUNAN DENKLEM

%9.312497185782315*10^-11*T^2+8.590787874997148*10^-8*T+1.358297067698768*10^-5

%Pr SAYISI İÇİN BULUNAN DENKLEM

%2.822567491733898*10^-7*T^2-2.106760350579977*10^-4*T+7.183495256743111*10^-1

EK-4 Havanın özellikleri

Temperature T (°C)	Density ρ (kg/m³)	Specific heat capacity c_p (kJ/kg,K)	Thermal conductivity k- (W/m.K)	Kinematic viscosity ν . 10^{-6} (m²/s)	Prandtl's number Pr
-150	2,793	1,026	0,0116	3,08	0,76
-100	1,980	1,009	0,0160	5,95	0,74
-50	1,534	1,005	0,0204	9,55	0,725
0	1,293	1,005	0,0243	13,30	0,715
20	1,205	1,005	0,0257	15,11	0,713
40	1,127	1,005	0,0271	16,97	0,711
60	1,067	1,009	0,0285	18,90	0,709
80	1,000	1,009	0,0299	20,94	0,708
100	0,946	1,009	0,0314	23,06	0,703
120	0,898	1,013	0,0328	25,23	0,70
140	0,854	1,013	0,0343	27,55	0,695
160	0,815	1,017	0,0358	29,85	0,69
180	0,779	1,022	0,0372	32,29	0,69
200	0,746	1,026	0,0386	34,63	0,685
250	0,675	1,034	0,0421	41,17	0,68
300	0,616	1,047	0,0454	47,85	0,68
350	0,566	1,055	0,0485	55,05	0,68
400	0,524	1,068	0,0515	62,53	0,68

EK-5 Soğutucu akışkan R22'nin özellikleri

Temperature °C	Presssure MPa	Density kg/m^3 liquid	Volume m^3/kg vapor	Enthalpy kJ/kg		Entropy kJ/kg.K	
				Liquid	Vapor	Liquid	Vapor
-100	0.00200	1571.7	8.2980	90.24	358.93	0.5027	2.0545
-90	0.00480	1545.1	3.6548	100.95	363.82	0.5629	1.9982
-80	0.01035	1518.3	1.7816	111.66	368.75	0.6197	1.9508
-70	0.02044	1491.1	0.94476	122.36	373.68	0.6738	1.9109
-60	0.03747	1463.6	0.53734	133.11	378.58	0.7253	1.8770
-50	0.06449	1435.5	0.32405	143.91	383.39	0.7748	1.8480
-48	0.07140	1429.8	0.29469	146.08	384.35	0.7844	1.8427
-46	0.07890	1424.1	0.26849	148.25	385.29	0.7940	1.8376
-44	0.08700	1418.4	0.24507	150.43	386.23	0.8035	1.8326
-42	0.09575	1412.6	0.22410	152.61	387.17	0.8130	1.8277
-40 [b)]	0.10132	1409.1	0.21256	153.93	387.72	0.8186	1.8249
-40	0.10518	1406.8	0.20526	154.80	388.09	0.8224	1.8230
-38	0.11533	1401.0	0.18832	156.99	389.01	0.8317	1.8184
-36	0.12623	1395.1	0.17306	159.19	389.93	0.8410	1.8140
-34	0.13793	1389.2	0.15927	161.40	390.84	0.8502	1.8096
-32	0.15045	1383.3	0.14680	163.61	391.74	0.8594	1.8054

EK-5 Devam Soğutucu akışkan R22'nin özellikleri

Temperature °C	Presssure MPa	Density kg/m^3 liquid	Volume m^3/kg vapor	Enthalpy kJ/kg		Entropy kJ/kg.K	
				Liquid	Vapor	Liquid	Vapor
-30	0,16384	1377,3	0,13551	165,82	392,63	0,8685	1,8013
-28	0,17815	1371,3	0,12525	168,04	393,52	0,8776	1,7973
-26	0,19340	1365,2	0,11593	170,27	394,39	0,8866	1,7934
-24	0,20965	1359,1	0,10744	172,51	395,26	0,8955	1,7896
-22	0,22693	1352,9	0,09970	174,75	396,12	0,9044	1,7859
-20	0,24529	1346,8	0,09262	177,00	396,67	0,9133	1,7822
-18	0,26477	1340,5	0,08615	179,26	397,81	0,9222	1,7787
-16	0,28542	1334,2	0,08023	181,53	398,64	0,9309	1,7752
-14	0,30728	1327,9	0,07479	183,81	399.46	0.9397	1.7719
-12	0.33040	1321.5	0.06979	186.09	400.27	0.9484	1.7686
-10	0.35482	1315.0	0.06520	188.38	401.07	0.9571	1.7653
-8	0.38059	1308.5	0.06096	190.69	401.85	0.9657	1,7621
-6	0,40775	1301,9	0,05706	193,00	402,63	0,9743	1,7590
-4	0,43636	1295,3	0,05345	195,32	403,39	0,9829	1,7560
-2	0,46646	1288,6	0,05012	197,66	404,14	0,9915	1,7530
0	0,49811	1281,8	0,04703	200,00	404,87	1,0000	1,7500

EK-5 Devam Soğutucu akışkan R22'nin özellikleri

Temperature °C	Presssure MPa	Density kg/m³ liquid	Volume m³/kg vapor	Enthalpy kJ/kg		Entropy kJ/kg.K	
				Liquid	Vapor	Liquid	Vapor
2	0,53134	1275,0	0,04417	202,35	405,59	1,0085	1,7471
4	0,56622	1268,1	0,04152	204,72	406,30	1,0170	1,7443
6	0,60279	1261,1	0,03906	207,10	406,99	1,0254	1,7415
8	0,64109	1254,0	0,03676	209,49	407,67	1,0338	1,7387
10	0,68119	1246,9	0,03463	211,89	408,33	1,0422	1,7360
12	0,72314	1239,7	0,03265	214,31	408,97	1,0506	1,7333
14	0,76698	1232,4	0,03079	216,74	409,60	1,0590	1,7306
16	0,81277	1225,0	0,02906	219,18	410,21	1,0673	1,7280
18	0,86056	1217,6	0,02744	221,63	410,80	1,0756	1,7254
20	0,91041	1210,0	0,02593	224,10	411,38	1,0840	1,7228
22	0,96236	1202,4	0,02451	226,59	411,93	1,0923	1,7202
24	1,0165	1194,6	0,02319	229,09	412,46	1,1006	1,7177
26	1,0728	1186,8	0,02194	231,60	412,98	1,1088	1,7151
28	1,1314	1178,8	0,02077	234,14	413,46	1,1171	1,7126
30	1,1924	1170,7	0,01968	236,69	413,93	1,1254	1,7101
32	1,2557	1162,5	0,01864	239,25	414,37	1,1336	1,7075
34	1,3215	1154,2	0,01767	241,84	414,79	1,1419	1,7050

Printed by Books on Demand GmbH, Norderstedt / Germany